碳循新工业，数聚新经济

第二十三届中国国际工业博览会论坛演讲辑选（2023）

中国国际工业博览会组委会论坛部 编

上海远东出版社

图书在版编目(CIP)数据

碳循新工业，数聚新经济：第二十三届中国国际工业博览会论坛演讲辑选.2023 / 中国国际工业博览会组委会论坛部编. -- 上海：上海远东出版社，2024.
ISBN 978 - 7 - 5476 - 2049 - 6

Ⅰ.T-53

中国国家版本馆 CIP 数据核字第 2024KL8213 号

责任编辑 李 敏
封面设计 徐羽心

碳循新工业,数聚新经济

第二十三届中国国际工业博览会论坛演讲辑选.2023
中国国际工业博览会组委会论坛部 编

出 版 **上海远东出版社**
  （201101 上海市闵行区号景路 159 弄 C 座）
发 行 上海人民出版社发行中心
印 刷 上海信老印刷厂
开 本 787×1092 1/16
印 张 13.25
插 页 1
字 数 197,000
版 次 2024 年 8 月第 1 版
印 次 2024 年 8 月第 1 次印刷
ISBN 978 - 7 - 5476 - 2049 - 6/T·114
定 价 88.00 元

编辑委员会

主　编
祁　彦

副主编
钱　智　潘春来

编　委
（按姓氏笔画排序）

王金德　吕　朋　江海苗
李　敏　娄蓉媛　姚　治
姚春瑜　倪颖越　奚勤峰
葛朝晖

前　言

第23届中国国际工业博览会论坛(简称"工博会论坛")作为2023年第23届中国国际工业博览会的重要组成部分,在各方的共同努力下,已圆满结束。

本届工博会论坛紧扣"碳循新工业,数聚新经济"主题,分部市论坛、发展论坛、科技论坛、行业与企业论坛四大板块,共举办42场论坛及专题活动。部市论坛的"2023国际工业可持续发展论坛暨中德绿色制造大会",围绕"低碳城市、数智共生"话题,邀请诺贝尔化学奖得主等多位重量级嘉宾,就共同应对全球重大挑战、推动工业可持续发展进行深度交流;发展论坛着力打造以工博会专业展为基础、以制造业发展为重点的专业品牌论坛;科技论坛秉承高层次、综合性、学科交叉的特点,以"院士圆桌会议"为核心,同时举办12场专题学术交流活动;行业与企业论坛与工博会现场展示紧密结合,围绕新产品、新技术发布,交流研讨产业发展前沿趋势,并与专业展商、观众深度互动。

本届工博会论坛亮点包括:

(一)论坛议题更加贴合国家战略。论坛部前期与相关单位密切沟通,协调优化主题策划,确保论坛议题紧紧围绕工博会主题。论坛议题都集中于"绿色低碳""数字化转型""数字经济""智能制造""质量创新"等前沿领域。

(二)更加注重论坛效果。在嘉宾邀请上,本届论坛邀请到包括诺贝尔化学奖得主、德国国家科学与工程院院士、中国德国商会(上海)董事会主席、SAP全球高级副总裁等在内的百余位行业顶尖专家、政府部门负责人、企业决策者等重量级嘉宾,同台对话,交流探讨工业发展新趋势、新动向。

在论坛形式上，支持探索"线上＋线下"和"云端直播"等形式，以扩大论坛受众及影响力。

（三）更加重视信息安全。为守牢安全底线，论坛部召开专题会议并形成了《工博会论坛信息安全工作提示》，要求承办和协办单位采取切实措施，在放大论坛效果的同时，更加注重信息安全审查与防护，特别强调敏感信息保密要求。同时，要求论坛活动尽量安排在主会场国家会展中心（上海），便于系统性地做好信息安全防护工作。为更好地整理论坛嘉宾的演讲内容和重要观点，论坛举办期间，上海市人民政府发展研究中心组织相关研究人员，赴重要论坛活动现场倾听嘉宾演讲，收集会议速记稿和资料，对论坛嘉宾演讲内容的核心观点进行梳理和提炼，在此一并收录。

本书生动再现了第 23 届论坛现场交流盛况，翔实记录了主要嘉宾的精彩演讲内容及核心观点。我们希望本书的出版能够对工业相关领域研究人员、技术人员及广大管理者有所裨益，同时希望有助于充分展示中国制造、上海制造品牌效应，更好地促进和服务中国制造高质量发展。

目 录

科技论坛

行业与企业论坛

质量创新论坛

标准化赋能数字化转型国际论坛

部市论坛

编者按：中国工博会 2023 国际工业可持续发展论坛暨中德绿色制造大会于 2023 年 9 月 19 日在上海国家会展中心举行。本次论坛以"低碳城市 数智共生"为主题，深度聚焦"数智化如何助力低碳城市可持续发展"，诚邀国内外科学领域、产业领域顶尖专家学者同台对话，搭建更加专业、更具实践价值的合作平台。工业和信息化部党组成员、副部长辛国斌，上海市副市长陈杰，德意志联邦共和国驻华大使馆公使葛若海，上海市政府副秘书长庄木弟等政府领导以及两院院士、大学教授、全球著名企业、金融和相关机构负责人等出席论坛。

工业和信息化部党组成员、副部长辛国斌致辞

各位嘉宾，各位朋友，女士们、先生们，很高兴参加中国工博会 2023 国际工业可持续发展论坛暨中德绿色制造大会。

这次会议以"低碳城市 数智共生"为主题，聚焦数智化如何助力低碳城市可持续发展，共商中德绿色制造合作，具有重要意义。在这里，我谨代表中国工业和信息化部对会议召开表示热烈祝贺！向长期以来支持中德友好合作的海内外朋友们表示衷心的感谢！

绿色化是现代化产业体系的基本特征之一。随着全球气候危机加剧，绿色低碳日益成为世界各国经济发展的硬约束和国际共识。习近平主席多次强调，要建设绿色制造体系和服务体系，提高绿色低碳产业在经济总量中的比重，推进产业智能化、绿色化、融合化。近年来，围绕加快工业绿色低碳转型，实现碳达峰、碳中和目标，中国政府出台了一系列政策举措，推动产业结构高端化、能源消费低碳化、资源利用循环化、生产过程清洁化、制造流程数字化、产品供给绿色化转型，取得了积极成效。

一是传统产业绿色低碳改造升级显著加快。以创建绿色工厂、开发绿色产品、建设绿色工业园区和构建绿色供应链为牵引，在国家层面累计创建

绿色工厂 3 616 家、绿色工业园区 267 家、绿色供应链管理企业 403 家,推广绿色产品近 30 000 项,培育绿色制造服务供应商 180 余家,带动形成国家、省、市三级绿色制造和服务体系。

二是能源资源利用效率大幅提升。2012—2022 年,规模以上工业单位增加值能耗累计下降超过 36%,万元工业增加值用水量下降 60.4%,重要再生资源综合利用总量提高约 1.4 倍。

三是清洁能源装备、新能源汽车等产业实现跨越式发展。水电、风电、光伏发电装机规模居世界首位,核电发电量创历史新高,新能源汽车产销量连续 8 年全球第一。今年 7 月 3 日,中国第 2 000 万辆新能源汽车在广州下线,标志着中国新能源汽车从产业化、市场化的阶段迈入规模化、全球化发展的新阶段。

数字技术正在成为工业绿色低碳发展的重要驱动力量。新一轮科技革命和产业变革深入发展,5G、互联网、大数据、云计算、人工智能、数字孪生等新一代信息技术加速融入工业、能源等行业。节能装备、低碳产品等不断拓展出新场景、新业态,为工业绿色发展创造了更多可能。

中国政府大力推动数字技术与制造业深度融合创新,加快数字赋能绿色制造。一是建设 8 000 多个数字化车间和智能工厂。5G + 工业互联网率先在钢铁、采矿等十个重点行业领域形成典型的应用场景,涌现出远程设备操控、机器视觉质检、无人智能巡检等一批应用实践,促进企业提质降本增效。二是持续优化新型基础设施能效,培育 196 家绿色数据中心。目前,5G 基站单站能耗比商用初期降低 20% 以上。

当前,世界多国都在加快绿色低碳转型步伐,但转型之路依旧道阻且长,全球形势变幻交织,国际合作难度加大,深化合作才是互利共赢之道。中国和德国都属世界制造业大国,中德建交 50 多年来,开展了广泛而深入的友好合作,中国是德国最大的贸易伙伴之一,德国是对中国直接投资最多的欧盟国家之一,两国产业链、供应链已经深度融合,贸易高度互补。未来,在绿色发展、数字经济、人工智能等领域合作空间广阔,大有可为。

最后,我提三点建议:

第一,深化科技研发、绿色金融等领域的国际合作。2023 年 6 月,李强总理访问德国时倡议,希望中德成为"绿色同行伙伴",在绿色能源科技研发、产业技术升级、新能源汽车、绿色金融等领域深化合作。只有抓住机遇抓紧行动,努力在创新、绿色、低碳等新兴领域取得更多合作成果,才能做大两国共同利益的"蛋糕"。

第二,共同维护好公平、透明、非歧视的营商环境。要顺势而为,始终坚持开放包容合作共赢,以高质量、高水平的务实合作更好维护产业链、供应链稳定,共同打造市场化、法治化、国际化的一流营商环境。

第三,呼吁两国企业家和专家学者当好中德友好的使者,围绕绿色投资和贸易合作当好桥梁纽带,在两国政府和产业界的共同推动下,为推动中德关系发展、增进两国人民福祉、加强中欧互利合作做出示范引领。

德国有句谚语,"一个人努力是加法,一群人努力是乘法"。绿色发展不仅是全人类的共同目标,也是各国的共同责任。数字技术创新发展正在重塑全球产业结构,改变全球经济格局。希望中国和德国携手打造绿色制造合作伙伴,共同应对气候变化,共同分享数智红利,为全球可持续发展做出积极贡献。

上海市副市长陈杰致辞

各位嘉宾,女士们、先生们,大家下午好!很高兴与各位新老朋友相聚在中国国际工业博览会。首先,我谨代表上海市人民政府,对"2023 国际工业可持续发展论坛暨中德绿色制造大会"的举办表示热烈的祝贺,也对出席论坛的各位嘉宾表示热烈欢迎!更是对长期以来关心支持上海发展的国家部委、社会各界人士,表示衷心的感谢!

在新一轮科技革命和产业变革的深入发展中,绿色化、数字化转型已成为引领未来的重要动力。近年来,在工信部等国家有关部委的关心指导下,上海也正在加快推动传统产业数字化、绿色低碳化两个转型,大力发展三大先导产业和六大重点产业,抢先布局四大新赛道产业和五大未来产业方向,着力构建现代化产业体系,加快探索新型工业化发展道路。绿色制造体系加快建立,着力培育了绿色工厂、绿色园区、绿色供应链,一大批新技术、新产品、新材料、新装备应运而生，绿色生产方式得到示范推广；重点行业、企业加快节能减排，大力发展风光储氢等新能源领域，绿电比例提高至 36%。数字赋能作用加快释放，先后发布经济数字化转型、打响"上海制造"品牌、智能机器人创新发展等政策举措，深入开展"工赋上海"行动，累计建成了3 个国家级智能制造标杆工厂、30 多个工业互联网平台和 100 个市级智能工厂，工业机器人产量约占全国四分之一、全球十分之一，重点行业机器人密度达到国际平均水平两倍以上。在此过程当中，也涌现了一大批典型示范企业，培育了众多垂直领域"链主"企业、绿色技术服务商和智能方案解决商。

面向未来，上海将深入践行"双碳"发展战略，创新工作举措，优化发展生态产业，以产业数字、低碳转型助力城市高质量发展。我们将深化创新驱动、示范推广，以技术攻关突破为引领，探索"工业互联网＋绿色制造"等新模式。深耕绿色低碳新赛道，加快行业、企业、园区应用场景的进一步拓展，推动制造业高端化、绿色化、智能化、融合化发展，促进数字经济与实体经济深度融合。我们将持续深化国际间交流合作，通过搭建公共平台、应用平台和要素交易平台等，深化技术、装备、标准等国际经济技术合作交流，深入开展数字化转型、绿色发展、产业链供应链建设等，共同推动国际工业可持续发展。

绿色可持续发展是时代发展的重要主题，数字化转型也是高质量发展的必由之路。本次论坛汇集了国内外顶尖企业、金融机构代表和专家学者，期待大家展开高端对话、发表独特见解，为绿色制造和国际工业可持续发展贡献更多智慧和力量。

德意志联邦共和国驻华大使馆公使葛若海致辞

各位嘉宾，首先我谨代表德国驻中国大使馆对本次中德绿色制造大会的召开表示衷心的祝贺！非常高兴能参加今年的工博会，工博会为众多从世界各地来上海的参访者提供了面对面交流并借助交流来建立信任的机会。过去很多年，中德企业间建立起了这种相互信任。中德之间的合作是成功的,中国是德国最大的货物贸易伙伴,同时中国也是德国对外投资最大的目的地国之一,目前累计投资超过了 8 000 亿元人民币。中国的发展一如既往令人印象深刻,中国的企业在全球市场也开始真正具有竞争力。公平竞争能够起到鼓励创新、提高效率的作用,双方都能从中受益。然而,近些年来,一部分企业感觉中国的市场准入和平等的竞争环境仍需要改进。在此背景下,国务院印发的《关于进一步优化外商投资环境 加大吸引外商投资力度的意见》深受欢迎。同时,也期待结构性变化和更大的开放,促进这"24 条"意见的贯彻落实。

今年 7 月,德国政府公布对华战略。其中有一点非常明确,德国不希望与中国脱钩断链,将在平等条件下继续寻求与中国合作。当然,也希望中国能继续完善平等市场准原则和公平竞争环境,包括公共采购、数据自由流动以及知识产权保护等。只有在尊重知识产权的基础上分享技术与创新,才能使双方均受益。德国特别希望与中国在全球议题上开展合作,比如应对气候危机,舒尔茨总理和李强总理于 2023 年 6 月份在柏林相会,就气候和转型开展中德政府对话,提到"我们要采取积极的措施来解决气候危机"。双方总理会谈,进一步明确了未来工作的方向。气候危机问题的解决离不开中国。我们要努力工作,实现《巴黎协定》制定的 1.5℃温控目标,并不断保持。德国与中国在尽快实现"气候中立"上有共同的责任。中德双方要继续在不同领域扩大合作,包括能源和气候合作,相互学习,发展新概念,创造和研发对气候友好的环境和技术。

关于今年工博会的主题,德国公司有很多可做的贡献,包括绿色技术、绿色解决方案,我们也在向着"碳中和"进行努力。我们知道中国也有很多相关的好做法和最佳实践,期待今天能有很多深入的探讨和交流,助推我们实现更雄伟的气候目标。

《企业绿色出海白皮书》发布及其主要内容

中国电子信息产业发展研究院总工程师　秦海林

日益复杂的外部环境要求出海企业加快形成绿色竞争力。为了助力企业提升国际竞争力，实现高质量发展与绿色出海，中国电子信息产业发展研究院（又称"赛迪研究院"）与西门子（中国）联合研究了中国企业出海面临的国际形势与阶段性挑战，提出数字化绿色化协同的系统解决方案。相关成果形成了《企业绿色出海白皮书》。

首先，外部和内部环境都对中国企业走出去提出了更高的要求。基于大气污染、气候变化，众多国家都非常关注气候以及企业发展、贸易发展。中国已成为全球第二大经济体，中国企业出海面临着新的巨大挑战。外部环境，外贸环境发生了很大变化，并且提出了更多要求，特别是欧盟发布碳边境调节机制，对中国企业出海有了更高的要求。内部环境上，习近平总书记在 2020 年 9 月提出的"双碳"目标，对中国经济、中国企业提出了更高的要求，中国企业要走向国际市场，必然要符合国际规则。

其次，中国企业走出去，还面临着四重挑战——战略、管理、数据和应用。战略方面，当前中国企业制定业务战略时可能较少涉及碳排放、减排等,相关战略路线不够清晰;管理方面,组织架构对实现减碳目标也不够清晰,管理手段相对缺乏;数据方面,在战略和管理方式不清晰的背景下,数据收集必然也存在问题;应用方面,我国提出了数字化、智能化转型路径,目前正在推进,但大部分中国企业在走出去的过程中,数字化水平相对偏弱。从这四个方面来看,中国企业、中国产品要走向全球,还面临很大的挑战。

我们认为,数字化之路是帮助中国企业绿色化发展、智能化发展的重要技术手段和路径。

在推动中国企业数字化转型的过程中,要摸清"家底"。企业要减排,对产品生产过程也有很高的要求,要按照碳排放的要求收集数据,将生产数据进行整合。同时,也要接受相应的数字化解决方案。无论是中国企业,还是德国企业,都需要这样的数字化解决方案来推动企业的绿色化转型。数字孪生工厂的模式,就是在帮助企业做能源管理、碳排放管理。

在推进中国企业产品出海的过程中,有三个主体要关注:

1. 政府主体。当前中国政府围绕企业出海和产品出海推进绿色化进程,出台了很多鼓励"双碳"减碳的政策,地方政府也出台了相关政策。工信部近几年也一直在推动绿色产品、绿色企业和绿色工厂建设,帮助企业实现生产过程中的碳排放监测,建立数字化平台,推动企业生产绿色化。

2. 企业主体。首先,要接受绿色化理念;然后,通过绿色化手段推动企业产品绿色化。企业的数字化,包括很多中国工厂数据"上云"。"上云"数据共享,可使企业实现供应链绿色化。

3. 第三方机构主体。第三方机构在推动企业绿色化发展中发挥了重要作用,为中国企业出海提供绿色化解决方案。

政府、企业和第三方机构这三个主体在中国企业绿色出海中缺一不可。

可持续的数字化制造报告

同济大学教授、德国不来梅大学教授、德国国家
科学与工程院院士兼工业 4.0 工作组成员、   **奥泰因·赫尔佐格**
中国工程院外籍院士

本报告分三个部分,第一部分聚焦于如何管理制造业中的碳排放。

根据对工业制造业碳排放进行的调研,就全球的二氧化碳排放而言,北美、欧洲、中国三个排放中心的监测数据显示,超过 25% 的碳排放来自发电,18% 来自制造业,可见制造业减排是减少全球碳排放的关键。从 2021 年的数据来看,全球每年碳排放量达到了 561.5 亿吨,其中很大部分来自中国,而许多实际碳排放的制造业资产或设施位于中国。由此看来,就实现企业的现代化改造而言,需要将数字化技术内嵌于工业生产过程中,用大数据、智能的物流进行采购、生产。将数字孪生技术作为网络物理的系统,通过物联服务实现数字转型,实现企业减排及可持续发展。

企业数字化转型面临着生产、管理、创新三重挑战。除这些挑战外,如何推进企业数字化转型值得关注。现实层面,减少温室气体排放,一方面,需要考虑嵌入碳、运行碳,把握碳的生命周期,针对交通、物流、建筑拆除、处

理水过程中大量的碳排放,采用低碳材料或循环使用材料等来降低碳足迹。需要关注碳排放的不同范围,包括直接的碳排放(电力、加热等)和非直接的碳排放(企业员工差旅、承包商车辆、产品使用、外包服务等)。其中,非直接的碳排放占比87%。另一方面,还要非常关注制造业供应链的韧性,确保从供应商到制造商的整个供应链都关注碳排放。

第二部分聚焦于如何从数字化中获得脱碳方面的支持。

管理供应商、制造商以及政府之间动态的数据交换,需要从数字化的过程中获得脱碳的支持。转数字形式和数字化存在区别,数字形式涉及将非数字信息转化为数字形式,数字化则涉及更广泛的概念,包括将各种信息和过程转化为数字形式并带来优势。通过数字化,可以优化算法、创造新的数字内容。应广泛应用数字化,推进工业4.0,整合优化商业流程和物流流程。先进制造业应考虑碳足迹,开发新的数字商业模式和数字流程。总体而言,数字化在各个层面都与可持续性密切相关,从生产过程到产品生命周期的各个阶段,数字化为实现可持续发展提供了重要的工具和方法。

第三部分关于智能和可持续制造。

如今,智能生产数字化过程已经付诸实践。但是,只有在全球范围对所有生产流程进行优化,才能真正降低成本,实现资产运行最大化、减少二氧化碳排放。物理工厂和数字孪生相辅相成,可通过虚拟系统分析具体物体,进一步降低碳足迹,帮助节能和减少碳排放。

智能数字制造孪生技术有以下六方面特点。第一,虚拟化。智能数字制造孪生监测具体的物理设备和流程,将数据和生产流程结合在一起,进而对系统状态进行预测。第二,实时性。第三,模块性。能够在产品生命周期中,根据不同的要求和碳足迹灵活地进行调整。第四,去中心化。智能数字制造孪生可以帮助我们进行分布式生产,实现本地决策。第五,互操作性。智能数字制造孪生有能力将人和各种设备结合在一起,进行实时互动交流。通过标准化的沟通使物联网和物联服务进行沟通。第六,服务导向。智能数字制造孪生能在因特网供应链和产品的生命周期各阶段提供相应服务,推动创新的可持续性实施,也能推动净零排放战略长期实施。

　　总体而言，企业脱碳，现在就要开始行动。成熟的流程必须充分考虑脱碳的效果。要借助机器学习来优化制造和脱碳流程，进行流程挖掘。零排放的战略从技术上看是可行的，对企业来说也是有利的。提升脱碳或二氧化碳减排技术的质量，要重视新技术利用和互相合作，要强调人才利用。

企业创新至上实现净零转型报告

中国德国商会（上海）董事会主席、SAP 全球高级副总裁　柯　曼

企业创新至上，实现净零转型，首先，需要政策发挥巨大作用。

减碳、实现净零是很多企业的目标和发展方向。需要降碳、减排的原因是全球变暖，以及其引发的某些地区水资源严重匮乏，并造成经济损失。气候变化不仅意味着温度改变，还对生活的各方面都有巨大影响，尤其是对经济的影响（极端天气会造成高达几十亿的损失）。为解决此问题，需要政策发挥巨大作用。仅个别国家做出努力是不够的。

其次，需要重视技术层面的行动。

以下三方面很重要。第一，可以进行预测。技术可以准确地预测一段时间内一条供应链、一个生产基地碳排放的大致水平及碳足迹。第二，可以进行监测。第三，可以进行减排。借助 AI 提出减排对策建议。在商业场景中，如企业资源管理软件（ERP 软件），AI 可以介入处理销售线索，提供建议，使整个流程更高效，减少浪费。在运营方面，AI 可用于规划需求，提高商店备货效率，减少浪费，助力零售商批发商更有效地规划。人工智能在退货、包装重新利用等方面能起到很大作用。在企业场景中，AI 可助力减少碳

足迹、减排，并实现系统监测。我们提供的系统首先了解某一供应链的碳足迹，进而提出改进建议，能够以多种方式帮助企业减排、降碳。以 Vestas 为例，作为全球最大的风机制造商，即使是在生产风机、建立风力发电站的过程中，供应链也不会自动达到碳中和状态，必须借助软件帮助改进业务模型，降低碳足迹，提高效率。

最后，软件解决方案和技术虽在降低碳排放方面发挥着重要作用，但也仅是众多促进减碳因素中的一个，政策即政府的支持、全球共享的愿景以及个人行动的改变和努力等也至关重要。这是一场全面的"转型"，需要我们改变运营方式，持续推动创新。跨国合作、政企合作很重要，建立信任关系也至关重要，只有不同团队和地区的人相互信任，才能有效地通过人工智能降低碳足迹。

IT 能源消耗问题值得注意的。AI 也是能源的消耗大户，比如 ChatGPT，消耗大量的能源，有时候一个小的国家都承受不起 ChatGPT 系统训练的能源消耗，更不要说长期维持运行。

实现碳中和和可持续性发展是我们的首要目标。地球只有一个，我们必须更加大胆、灵活，为下一代留下更好的地球。

数智技术与科技创新赋能可持续发展报告

美的集团股份有限公司首席技术官　卫　昶

科技领先和数智技术是美的可持续发展的两个主要战略主轴和抓手。主要内容可分为以下四个层面。第一,全价值链层面。通过技术平台,使工作更有效率、协同更好。第二,提供环境更友好的产品,如更高的能效、更低的碳足迹。第三,给用户提供更环境友好、更高效、更低碳的解决方案。第四,进入新能源领域,直接提供与新能源、低碳能源相关的产品。

就产品而言,可分为以下五种类型。

第一类,智能制造。智能制造是"中国制造2025"的重要组成部分,也是美的可持续发展的战略主轴,我们将其作为产业链特别重要的一部分进行推动,希望实现智能制造的透明化、智能化、少人化。具体来说分为三个部分:装备智能化、生产智能化、管理智能化。并有六大关键技术进行支撑,分别是智能自动化、智能机器人、智能物流、智能信息化、移动大数据和物联网。具体可从自动化、数字化层面实现,我们已在全球设有多家"黑灯工厂"。

第二类,绿色能源业务。美的旗下有两个控股的新能源产业公司,主要业务包括储能,配备管理体系,同时也提供控制系统PCS以及电池PACK,

实现能源管理、楼宇管理。除此以外，还提供热管理核心装备。

第三类，低碳足迹的家电产品。首先是冷媒，从最早的氟基冷媒产品发展到现在推广的基于丙烷的 R290 系列家电，碳足迹显著下降；其次是高能效热泵，相关产品能效大于 100%，能从环境中获取能源，实现高效能源利用；第三是采用高能效标准设计的产品，提高能效，显著减少碳足迹。

第四类，智慧楼宇。与屋顶光伏、BIPV 结合起来节能减排。我们采取以下做法：第一，提供最简单的设备设施；第二，提供边端智能，实现边缘控制、楼宇智控；第三，提供云平台服务；第四，提供垂直领域的应用解决方案。

对于智慧楼宇，通过数字化平台提供全方位的综合服务：第一，场景驱动，不同的场景有不同的解决方案；第二，数字化服务，可以有数字化的设计、建设和数字化的运营；第三，软件运营，提供楼宇管理可视化，在碳足迹方面有智慧能源管理系统、智慧碳管理系统，达到低碳高效的目的；第四，产品层面，产品＋智能＋云，提供垂直行业的全方位解决方案。

第五类，全屋智能。美的通过"1＋3＋4＋N"概念，结合智能中枢、AI 算法终端和传感器等技术，实现智能家电单品和智能家居系统的全面智能化。

全屋智能具体分三个实现层面。技术层面，就是智能家电产品、智能产品、连接产品；软件层面，基于四大核心系统，基于全屋用水、用电、空气等建立了行业的垂直领域的大语言模型；客户层面，一是希望推进终端的建设和运营，帮助用户，二是要让用户有好的服务体验，提升服务能力及进行数字化赋能。

美的集团通过数智平台，通过科技创新研发引领性技术，打造出差异化的产品，提供先进的解决方案，通过这些来为企业的可持续发展提供环境的可持续发展。

全链去碳　循续共进

宝马集团副总裁、大中华区政府和涉外事务负责人　**吴燕彦**

一直以来，宝马都锚定可持续发展和节能减排目标，致力于通过创新，为中国智能、绿色汽车行业做出贡献，实现互惠互利，构建可持续的未来。宝马将自身的可持续发展领先经验延伸到汽车的全价值链，覆盖经销商、供应商、生产运营和车辆的使用阶段，努力打通客户旅程各个环节的绿色低碳服务生态，加速中国汽车经销商行业的绿色转型。以下是宝马在可持续发展方面的实践。

第一方面，展开"宝马经销商领创绿星"计划。该计划于 2022 年正式启动，鼓励并赋能经销商伙伴提供"以客户为中心"的绿色服务。主要从四个方面来考虑，第一，绿色环境。从能源节约、顾客舒适、循环利用、文化及生物多样性四个维度关注绿色环境。第二，绿色电力。制定了《宝马经销商绿色电力供应指南》。第三，绿色运营。致力于推动经销商在销售、售后、办公等常态运营活动中践行可持续理念。第四，绿色践行。包括绿色宣导、企业社会责任、绿色传播、可持续发展培训、绿色生活方式等。

第二方面，绿色低碳钢铁供应链。首先，2022 年 8 月 4 日，宝马集团与合钢集团签署了合作备忘录，逐步减少碳足迹和二氧化碳排放；同时，宝马也在推动供应商，特别是能源密集型原材料供应商过渡至使用可再生能源电力，取得了重要成就。

第三方面，宝马数字化绿色工厂。宝马 IFACTORY 生产战略勾勒了未来汽车生产的新蓝图，加速向电动出行转型，同时定义了宝马工厂与生产技术的未来方向，时刻践行绿色、可持续、资源节约和循环利用的制造理念，成为负责任的制造商。这也是我们引领高端汽车制造未来的关键差异化的因素。

第四方面，绿色电力充电服务，即使用可再生能源充电。我们同国家电网智慧车联网平台合作，将绿色电力充电服务推广到更多省市，并将该服务完全融入 MY BMW APP，利用区块链技术实现电力溯源追踪，确保来源可信，同时通过颁发绿色电力证书及其他激励措施吸引更多客户参与到日常生活中的绿色行为。

宝马集团将循环经济视为最可持续的经济形式，强调以"获取—制造—废弃"为基础的线性模型不再适用。通过大胆创新，宝马致力于建立闭环生态系统，实现循环永续。宝马集团采用"再思考、再减少、再利用、再回收"的指导原则，从材料到零部件，推动使用再生材料，如与立中车轮合作成为中国首批使用再生铝车轮的企业。同时，宝马在新能源汽车领域与浙江华友循环科技有限公司合作，实现国产电动车动力电池原材料的闭环回收，并将分解后的原材料提供给宝马电池供应商，以降低碳排放，全面推动动力电池的回收与再利用，退役的动力电池剩余价值将得到充分发挥。宝马携手上下游布局动力电池回收梯次利用以及原材料闭环管理，对保护生态环境、提高资源综合利用率具有重要意义。

绿色金融助力工业低碳化发展报告

上海银行股份有限公司行长　朱　健

　　绿色低碳已成为全球可持续发展核心，工业作为碳排放主体，需成为先锋，金融行业应推动工业低碳化。主要可在以下几方面着手。

　　第一，工业低碳化是全球实现可持续发展的重要底色。底色之一是关注工业碳排放的空间分布。全球而言，国内工业碳排放占比更高，大约为70%，工业降碳是实现"双碳"目标的关键。根据联合国有关测算，如果工业领域与全球的碳排放减碳行动保持同步，到2030年降低43%，就可以实现温室气体排放导致全球升温幅度降低1.5度的效益。底色之二是关注工业变革。现在，以碳为核心、融合智能制造的技术变革可能推动新一轮革命，尤其是以碳排放降低为目标的新技术变革。

　　第二，绿色金融助力工业低碳化。随着全球碳减排行动持续演进升级，绿色金融应运而生，绿色金融助力工业低碳化发展的历程分为三个阶段、三个版本。1.0版本，重点关注存量调整，以20世纪90年代世界银行发布金融业环境及可持续发展宣言、2002年国际金融公司发布指导原则为标志，全球相关金融机构最早开始对气候影响进行研究，并将其纳入投融资决策流程。这期间,金融机构重点对高能耗、高污染行业给予关注,对电力、钢铁、水泥、化工等行业的融资采取了相应的针对性措施。2.0版本,同步在增量上发力,以2005年欧盟启动碳排放权交易市场作为标志。通过这个硬指标对碳排放权的总量控制和限额机制进行管理,在此期间,金融机构开始积极介入碳交易市场。当前是3.0版本,以数字化、智能化为标志,重在效率提升和体系化的协同。目前,全球已开始通过数字货币促进绿色生产,利用区块链和大数据降低绿色融资风险,提升金融服务效率。

回顾过往,如果说工业革命在金融领域催生了资本市场,IT技术的革命催生了以纳斯达克为代表的VC/PE科技金融市场,那么工业低碳化的革命所对应的碳交易市场,未来发展潜力也是难以估量的。根据统计,预计到2030年,全球碳市场的规模将达到4.5万亿欧元左右。有不少观点认为,以双碳为特点的转型金融将成为现代金融发展的第二增长极。

第三,助力低碳发展,金融业需要回答好新阶段新问题。目前,发展绿色金融,特别是3.0版本,所面临的问题主要是:

1. 碳标签问题。碳标签是一项基础工作,通过构建碳标签体系可以完整记录碳足迹,构建全社会产品的碳数据,描绘宏观层面的碳分布,从而与碳计量、碳竞价互动支撑,使得低碳发展更好地落地,也使得绿色金融发展有更好的依据。

2. 碳计量。银行在进行工业低碳化贷款和融资时,面临着碳计量难度高、评估不准确、成本高等问题。需利用技术引领,夯实碳资产相关数据基础,提高碳计量效率和准确性,形成企业低碳程度的量化标准。

3. 碳定价问题。推进碳资产价值实现,既有助于激发金融服务行业转型的动力,也有助于形成更可持续的商业模式。通过丰富碳金融产品理顺制度流程,完善信用评级等,金融机构可以为企业盘活更多碳资产价值,从而实现更可持续的发展。

第四,上海银行的探索与实践。上海银行在工业低碳化方面的探索与实践主要包括以下三个方面:

1. 奠定"一个理念": 将绿色发展理念融入战略发展,从顶层设计入手,建立自上而下的组织机构,推出"绿树城银"品牌,以内外品牌建设传递绿色理念。

2. 打造"两个体系"：一是抓好"绿色服务＋"产品体系，综合利用绿色信贷、绿色债券、绿色投资、绿色消费等，形成"绿惠万企、绿联商投、绿融全球、绿享生活"四大产品类别，为企业提供一站式综合化的金融服务，更大程度帮助工业领域各类企业和主体实现价值创造。二是抓 ESG 管理体系。强化抗风险能力，开展环境效益测算和披露。

3. 塑造"三个能力"：发展资源整合、绿色运营和数字应用能力，成立绿色金融实验室，为新赛道内的企业提供定制服务，积极探索从多个维度构建客户与风险评价模型。同时，更积极地探索推进客户与风险评价模型构建，建立针对性地支持策略。

工业领域绿色发展和低碳化进展迅速，金融支持将与社会各界积极探索低碳金融服务，助力实现中国社会双碳目标。

双轮驱动赋能企业绿色出海报告

西门子(中国)有限公司副总裁兼首席网络与信息安全官　**胡建钧**

国内外政策动向给出口行业带来新挑战。如 CBAM 碳边境调节机制和新电池法案,这些新的游戏规则的引入,可能对我们出口行业带来新的挑战。一方面,以机制为例,例如为了防止碳泄露,CBAM 机制目前对六大行业(包括钢铁、水泥、铝、化肥、氢、电力等)进行了规定。中国出口到欧盟的商品,在未来需要考虑将商品本身"范围一""范围二"里碳排放的值乘以欧盟当时的碳价,再减去出口国(中国)碳价。中国的碳价(70 人民币左右)低于欧盟的碳价(80～100 欧元)。一方面,尽管中国商品一直以质优价廉而著名,但在绿色低碳背景下,由于较高的碳排放,按补偿方案很有可能失去竞争优势;另一方面,以新能源汽车为例,需关注政策中强制要求了未来要披露碳足迹的变化,满足碳排放的等级要求。

所以,未来的出口绿色低碳对于推动出口高质量发展十分关键,需要以成熟的数字化作为根基,从战略层面、管理层面、数据层面、应用层面等来应对挑战。

从顶层战略的角度,提倡数字化和低碳化双轮驱动。一方面,产业低碳化,以零碳工厂和产品致力于整个行业的低碳化;另一方面,总结提炼优秀的创新方案、产品和解决方案,帮助更多人,帮助客户、供应商、整个生态去降碳,最终实现自身降碳和生态降碳、客户降碳。

顶层战略的具体执行分为"四步走":第一,摸清"碳家底",计算真实可信的碳足迹;第二,设定一个合适的目标,根据自身行业特点设立科学的碳中和目标;第三,综合选取科学的碳减排策略实施;第四,持续迭代和优化。

首先,就碳足迹计算而言,第一步是要计算真实可信的碳足迹。数据要真实可信,未来才能说绿色低碳是金融服务,如果底层的数据是可以伪造的或不准确,那么未来的碳汇市场,包括碳交易,还有很多事情就是空中楼阁。

其次,就标准而言,"范围一""范围二",更多是场内的排放,"范围三"是来自供应链的排放,需要用数字化的方式捕捉碳足迹。在工业 4.0 的工厂里强调柔性生产、订单式生产的概念。工业 4.0 的未来,是黑灯工厂、无人工厂,在黑灯工厂的运行下,如果我们还用人工方式统计碳足迹则为悖论。所以这个体系里,一方面,数字化是基础,兼用了很多关键技术;另一方面,还要注重链接生态,全链条都应该在可信数据的基础上进行交互。所以在底层我们引入了区块链,在国外用了 IDUNION 的技术,确保整个体系真实可信。使用区块链技术,能确保在供应商和链主企业之间交换碳数据时,可以互相核查。

再次,还特别需要关注中小企业客户群体。整条产业链产业集群的最大的竞争力其实是来自中小企业,但他们遇到了关于出口方面的挑战,他们如何应对链主企业传递下来的 CBAM 或电池法案的要求,是一个新课题。为此,我们专门针对大中小型企业推出了出海绿色低碳服务,满足企业出口碳披露的要求,包括指导如何计算碳足迹,如何管理产品碳足迹。我们打造了以下三款服务:第一,入门版,完全免费的版本,让这些企业可以很方便地模拟计算自己的碳足迹;第二,精选版,如果是专精特新或中型企业,链主企业要求明确的碳足迹披露和证书,建议选择精选版服务,主要为 SaaS 服务;第三,旗舰版,更多是提供给链主企业、龙头企业,帮助他们构造碳孪生、数字孪生甚至整条产业链端到端的覆盖所有产业集群的供应链管理。此外,我们推出了在线认证,是基于数字孪生的方式,采集实时的生产数据,使得计算碳足迹、核查碳足迹的总体成本急剧下降。

最后，在计算碳足迹方面，可在应用上创建产品，继而选择材料、交通运输信息、碳排放因子。通过简单的培训，希望中小企业也能培育出一些掌握碳相关知识的人才。

目前，我们在全球很多行业已经开始推进"携手共进可持续发展"项目，里面有 47 家头部的化工企业，西门子非常有幸被选为了 47 家共同的碳足迹交换平台。

未来的方向就是数字化、绿色化或低碳化双轮驱动，希望我们能够解好这个题。

圆桌对话

主持：

迈克尔·克虏伯（Michael Kruppe）　中国德国商会（上海）董事会成员、上海新国际博览中心首席执行官

嘉宾：

杨　雯　弗劳恩霍夫中国技术代表

潘　桦　汉堡驻中国联络处首席代表

严骏驰　上海交通大学计算机系教授

侯智斌　上海电气数字科技有限公司副总经理

　　中国德国商会（上海）董事会成员、上海新国际博览中心首席执行官迈克尔先生主持圆桌对话。弗劳恩霍夫中国技术代表杨雯博士、汉堡驻中国联络处首席代表潘桦、上海交通大学计算机系教授严骏驰、上海电气数字科技有限公司副总经理侯智斌参加对话。

　　迈克尔（主持人）：ESG 是一个非常重要的话题，我们如何利用智能系统实现城市低碳发展？如何利用数字化助力低碳城市可持续发展？这是一个很大的话题。坦率说，两年前我才开始思考这个问题，我的德国朋友告诉我，40 年前德国就已经开始思考这个问题了，我非常高兴今天邀请了来自各行各业的专家，我相信大家都能学习到很多。下面我们开始讨论。

杨雯: 弗劳恩霍夫是全球领先的面向应用的研发机构,主要研究目标是具有前瞻性的和领先性的研发课题,促进技术的突破。协会主要发起了德国工业4.0倡议和"国际数据空间"倡议以及其他战略性的项目,成立了国际数据空间协会(IDSA),关注数据空间的全球落地以及生态的发展。

我们认为,在追求城市数字化转型目标的背景下,数据流通是非常重要的环节,它能赋能整个城市各个系统的发展。相关案例如下:

第一,在汉堡市进行的New Hamthaus项目旨在建立一个数据中介交易机构,促进城市管理数据和公益数据更好地共享。另一个项目,由IDSA核心成员德国电信旗下的TSystem与汉堡市政府合作,创建移动数据空间,以便市民更便利地利用多种交通联运,协助公交公司探索新的商业模式,提升汉堡市的数字化水平。

第二,我们在中国有两个创新中心,一个关注工业4.0和智能制造,一个关注城市可持续发展,创新中心于2019年成立,4年间从城市的数字化规划、虚拟现实、区域碳中和、规划数字孪生等数字化工具几个方面进行联合科研,以及落地探索工作。

第三,Katina X,也称汽车行业价值链数据空间项目,旨在从全球的角度,端到端地挖掘数据驱动的价值,确保产品可追溯性、可持续性,并助力行业保持领先地位。它着眼长远发展,让参与方可以更好地实现这些目标。

不管是城市管理数据,还是交通系统、能源系统,甚至某一个行业供应链系统,都离不开数据的共享、流通和交流,需要有能保证数据主权、数据安全和对所有成员数据公平的空间。

非常高兴有这个机会邀请在座嘉宾和专家参与我们数据空间的生态建设,也希望我们能在中国得到更多机会,发展落地的应用场景和生态。

潘桦: 汉堡是在德国甚至欧洲比较领先的数字智慧城市,经验丰富,其港口在市中心,减排低碳、能源转型在很多年前就是这个城市可持续发展的动力,数字化的努力也已持续多年。

第一,数字化。汉堡拥有丰富的港口数字化实践,它所有数据处理平台,比如船舶的、港口的、天气的、铁路的、道路的、工地的,还有桥的信息、开闭桥的信息(汉堡是桥城)都一一收集,放在一个平台上进行处理、分析,再给到使用者,做了很好的实践。这个经验对中国有益。第二,能源转型。汉堡很早就设立了低碳目标,以提高现有能源使用效率,逐渐替代化石能源,同时力争打造成德国的氢能枢纽。

迈克尔(主持人): 汉堡桥的数量比阿姆斯特丹、威尼斯加在一起都多。刚才您提到了港口、物流、低碳,下面请严教授从大学的角度谈谈这个问题。

严骏驰: 我们现在会更多地考虑用人工智能技术做一些智能决策,人工智能可能比专家有更强的融合数据、推理、制定决策的能力。比如怎么预计交通流,预计需求,如何更好地应对预期会出现的交通拥堵,红绿灯怎样更好地排布,甚至哪些网点应该有更多交警维持秩序?这里可能会运用到智能传感器的感知技术、交通流的预测技术,以及规划决策技术。

其实人工智能跟低碳绿色也非常相关。ChatGPT 一类大模型需要极大算力,而电力、能源并没有非常低碳。怎样更好地设计和发展更绿色更低碳的模型是值得进一步思考的。

总结来说,第一,怎么用人工智能技术更好地做节能减排,做更好的城市体验提升;第二,反之,人工智能技术有很多和绿色低碳结合的点。希望在座各位朋友有兴趣跟我们做更多交流。

迈克尔(主持人): 下面我们有请来自上海电气的侯总。对企业来说,会展企业可以做些什么来更好地实现人工智能的应用?

侯智斌: 这是一个很好的问题。我来自工业装备和能源装备制造集团,会展企业如何节能,这是个非常有意思的问题。

企业是城市的重要组成部分,为城市提供丰富产品和服务,但同时也耗费大量资源和能源。

第一,在数字化的趋势下,企业致力于提高内部效率、资源转换效率和能源利用效率。使用数字技术,如 OA 和 Email,企业提高了人的协同效率,但进一步的挑战是如何用更少的人力，在消耗同样能源的前提下减少碳排放，或以更低的成本、更低的能源消耗产生更少的碳排放。许多企业采用新能源，但其不稳定性导致了电力供应的波动，尤其在上海，工业电价波动大，波谷0.4，最高尖峰电价是其的2.25倍。企业需要找到经济、低碳的能源方案，但这涉及多个实时变量的复杂计算，需要强大的数字系统来实现毫秒级的动态调整。

第二，不仅要统计自身产品和服务的碳排，还需要追踪整个产业链的碳足迹。人工线下追踪效率低、成本高，因此需要数字系统，利用数字空间技术记录、跟踪、分析产业链上下游的碳足迹，确保不可篡改。

迈克尔(主持人)：AI人工智能的这些工具、产品，要想很好地发挥作用，需要有很好的沟通。我告诉大家一个好消息，明年我们的展馆有市政府组织的新能源展馆。但我们不能等到明年再做节能减排的事情，我们要加强沟通，希望在不久的将来，能在另外一个圆桌上和诸位专家再次进行交流。谢谢大家的贡献！

发展论坛

　　编者按：2023 年 9 月 20 日，第二十三届工博会发展论坛在国家会展中心洲际酒店举办。本次国际工业互联网大会是由中国国际工业博览会组委会主办，东浩兰生（集团）有限公司承办，工业互联网产业联盟支持，上海市工业互联网协会协办。大会以"工造万物·互联无界"为主题，在"聚力数字赋能，共建产业生态"的愿景下，以工业互联网技术赋能制造业数字化转型为抓手，洞察全球视野，关注泛工业和科技界的热议话题，旨在为政、产、学、研、用、资行业大咖与新秀提供高规格分享交流平台，赋能产业集群能级跃升，助力深入推进新型工业化，为实体经济高质量发展注入生态力量。中国信息通信研究院院长、工业互联网产业联盟理事长余晓晖，上海市经济信息化委员会副主任、一级巡视员戎之勤，上海市工业互联网协会会长张锡平，东浩兰生集团副总裁周瑾，广域铭岛咨询中心总经理张卓文，上海银行业务总监朱守元，鑫方盛集团副总裁汪焰林，曙光网络科技总工程师陈冰冰出席了论坛。

　　今天，我们身处于数字化、网络化、智能化的时代。工业互联网作为全球工业领域的重要组成部分，正以迅猛的速度发展，改变着我们的生活和工作。本次大会旨在探讨工业互联网的最新发展趋势、技术创新和应用场景，为推动全球工业互联网的高质高速发展贡献力量。

上海市经济和信息化委员会副主任、一级巡视员 戎之勤先生致欢迎辞

　　很高兴参加 2023 国际工业互联网大会，首先我代表上海市服务企业联席会议办公室、上海市经济和信息化委员会，向今天出席本次活动的海内外嘉宾表示热烈欢迎！同时，也向长期以来关心、支持上海产业和信息化发展的各位朋友表示衷心的感谢！

　　上海市委市政府高度重视发展工业互联网，加快推动制造业数字化的

转型。上海市经济和信息化委员会为了贯彻落实市委市政府的具体部署和要求，在全国率先布局了工业互联网，我们先后实施了两轮工业互联网的三年行动计划。今天在座的各位都是专家，尤其晓晖院长对这方面的工作特别熟悉。我们通过这三年行动计划已经初步建立了比较完善的体系，同时也取得了一定的成绩。目前，上海工业互联网核心产业规模已经超过了1 500亿元，培育了包括宝兴、电气数科等30多个有行业影响力的工业互联网的平台。

今天在这里有业界知名的企业家、学者，大家相聚一堂，共同来分享独特的思考，共享智慧。2023年国际工业互联网大会的举办既是总结成果、交流经验的大会，也是深化合作、整合资源、促进工业互联网发展的重要契机。所以，我也想借此机会和大家共同交流有关推进上海工业互联网发展的三点体会。

一是要聚焦"工赋链主"的培育，助推全产业链数字化升级。产业链主是激发工业互联网引领示范的重要抓手，目前我们已经初步形成了两批、大概25家"工赋链主"的培育企业，推动产业链开展协同化转型的实践。希望大家围绕链主培育，促进制造业企业主体、功能性机构等强化的战略合作，深化优势互补，培育工业互联网的大平台，形成若干个具有上海特色的产业数字化的标准，打造一批数字化的超级场景，深度赋能产业链、供应链的创新发展。所以，后期我们还会继续开展"工赋链主"的征集遴选，希望有能力的企业主动作为，积极参与。

二是促进平台＋园区融合发展。去年我们支持东方美谷上海化工区、大飞机产业区、上海湾区等一批特色产业园区，探索平台＋园区的新模式，初步取得了比较好的效果。今年，我们将持续开展工业互联网一体化进园区、百城千园活动，聚焦全市53家特色产业园区与平台企业，积极探索深入的合作，推动"一园一平台"建设，共同来打造若干个工业互联网的标杆园区。今天在座有很多平台企业、优秀数字服务商代表来参会，希望大家能够围绕平台＋园区这个主题，推出更多有特色的数字化的专业服务。

三是深化高水平的交流合作，推动工业互联网创新发展。今天来到工博会，感受最深的是国际化的氛围。今年的工博会面积有30万平方米，第一天出席的人员,包括人流已经超过了历史最高水平,达4.5万人次,说明大家对工博会,对产业和信息化发展,对装备制造业的发展,对振兴实体经济还是非常有信心的。这是一届高水平的工博会。今天我们在这里举办这个论坛,上海工业互联网的发展必然要深入的国际化交流,广泛开展合作,要利用好工博会这么一个开放的平台优势,以及我们自身在上海历年来打下坚实的工作基础,积极推动应用国际先进数字化技术和经验,也包括支持优秀的工业互联网"走出去",研究工业互联网国际性合作的可行性方案,做好统筹布局,不断促进创新的理念和优秀资源服务于上海工业互联网向高质量发展。

最后,我也预祝本次大会取得圆满成功,祝各位企业家、各位朋友工作顺利,身体健康。

东浩兰生(集团)有限公司副总裁周瑾致欢迎辞

尊敬的各位专家、企业家、女士们、先生们,大家上午好!

很高兴参加2023年国际工业互联网大会,我谨代表中国工博会国际工业互联网大会的承办单位东浩兰生(集团),对到会的领导、嘉宾以及关心关注工业互联网行业发展的各界来宾,表示热烈的欢迎和诚挚的感谢!

昨天,第23届中国工博会隆重开幕,以"探寻新工业,数据新经济"为主题,围绕制造业的低碳化发展、数字化转型的时代新趋势,邀请了来自全国30多个国家和地区的2 800多家企业展示我国制造业迈向全球价值链最高端的新进展、新成效,期待本届工博会的成功举办对我们推进新型工业化,加快建设制造强国起到重要的推动作用。

为践行"十四五"信息化和工业化深度融合发展规划,以及上海市推动制造业高质量发展的三年行动计划,本届工博会上,工业互联网与工业自动化、机器人的展区联合组成了近14万平方米的智能化重塑制造业产业模式和企业形态的核心展示区,这为提升工业互联网高端供给能力,打造产业的生态圈,提升工业互联网产业发展能级进一步助力。

作为中国工博会的承办单位,东浩兰生(集团)将凭借在人力资源服务、会展传播和国际贸易等领域的专业能力,更好地服务于中国制造业,通过中国制造走向中国创造。在筹展办会的过程中,我们也得到了来自上海市经信委、工业互联网产业联盟、有关行业协会,以及专业媒体的大力支持,共有230余家工业互联网行业的标杆及创新企业来参展,通过生态布局,产业引领,打造"工造万物·互联无界"的全新主题,围绕5G＋工业互联网的解决方案,产业链供应链的协同解决方案,工业信息安全及存储,绿色科技人才等热议话题来展示相关核心技术及成果案例,迄今为止,工博会的工业互联网展已成为行业平台,也为工业数字化转型升级推波助澜。

今天举办2023年国际工业互联网大会,从政策分享、行业前瞻、技术及案例分享等层面来呈现新一代信息技术与相关产业的纵深融合。本届大会持续关注工业互联网话题,开辟数字工业系列峰会,更在数字化供应链、信息安全、芯片技术与制造等方面做跨学科的话题研讨,从不同的角度和维度为来宾们呈现一个高水准的论坛。我在此衷心祝愿所有与会者受益于本届大会。

最后,预祝本届大会取得圆满成功!

工业互联网驱动数实融合创新发展

中国信息通信研究院院长、工业互联网产业联盟理事长　余晓晖

数字经济和实体经济深度融合是本篇主旨。这里结合对工业互联网与数字化转型的理解,将"互联网核心是数据驱动"的概念作为新范式。为优化范式,提议建立从感知建模到决策优化的全过程,将行业知识紧密结合。在此基础上,提出工业互联网是数字化转型的路径和推动数字经济与实体经济融合的方法论。

第一,聚焦传统产业改造。近年来,推动传统工业和实体经济数字化、智能化改造是工业互联网的主要发展核心。此处在收集并分析新模式、新业态中,从研发、设计到制造生产管理全过程的数据样本,总结出以下五方面,即数字原生、敏捷柔性、数据智能、绿色低碳、协同高效。

案例显示,中国工业具有敏捷柔性高、数据智能强的新特点。在装备制造行业中,具有重型装备走向全自动化和柔性的新趋势,且数字技术实现了电子信息和消费品行业的优化。

技术放开可分为制造技术与数字技术放开,二者的融合呈渐深趋势,其中包含传统工业供给体系,装备自动化和软件的裂变,致使出现新的形态,

新的产品。另外，整个工业体系在工业化推动下也会发生从技术到产业到制造体系的重要的变化，开放化、平台化、智能化与底层的无线化是变化的四大特征。

第二，聚焦新兴产业培育。互联网工业实现了制造的提升，即产品的智能化、装备的数字化、产业供应链的智能化。同时也形成了新的形态、产品服务解决方案和增长曲线，构成了工业经济和实体经济发展新的动能。

第三，聚焦5G。5G在推进工业体系数字化转型的同时，对工业设备和系统也进行了改造，形成了新的形态，包括自动化系统与OT设备的融合，带来整个系统变革的可能。现今5G具有精简化和极致化两大方向，舍弃了原先的以太网与工业以太网，实现一网到底，以5个9的可靠性和4毫秒的时延，实现系统柔性化。

第四，聚焦人工智能，其中主要包含识别数据建模与知识决策。实现人工智能泛化能力和小样本的突破识别是一个核心方向。

第五，聚焦分析大模型。主要需求集中在结合研发环节的专业化领域建模，未来预期主要为把大模型推动落地到工业和实体经济的各个领域去。其中生产数字化与生态是未来重要的发展方向。对于国内平台而言，更适合资源打通，也就是打通产业链流通的生态；对于国外平台而言，由于具有经济模型的优势，可以把研发设计技术含量更高的生态打通。

第六，聚焦经济循环畅通。全球地缘政治的变化使得打通工厂内外成为最主要的方向之一。打通生产和消费，把消费型互联网和工业互联网打通是首要目标。其次，应该打通定制化需求的供给能力，构建一个面向需求的社会化生产网络，把社会的闲置生产组织起来成为一个工厂。同时也需要构建研发制造供需的网络与打通生产型服务业。以上四个举措是一个循环体系的打通过程。过程中可以结合人工智能技术与大数据技术，例如集成电路封测中，芯片里的标记使其可以回溯它在晶元上的每一个位置与晶元厂的制造工艺。

第七，聚焦科技创新，特别是新模式下数据和知识的结合。首先，需要数据治理，制度、市场和技术是我们目前拥有的金三角，制度里面一定要有定义数据产权交易的制度，详见数据二十条。其次，需要数据能够流通，建立多层级的数据要素市场，满足流通的问题。以上过程中，全程需要技术体系作为保障，建立数据空间保证数据的可控性。

总而言之，工业互联网是数字化转型的路径，是中国推动数字经济、实体经济深度融合与新型工业化的路径。大量新的技术正在不断进入，和工业系统做深度融合，从外围向核心延展。新的产业和新的产业取向将被培育，其中数据的潜能是决定成败的关键。

数字化下工业互联网在汽车行业中的作用

广域铭岛咨询中心总经理　张卓文

当前,中国制造型企业在面对不断增强的经济不确定性的挑战时,迎来了摆脱传统制造微笑曲线底段并向两端延展的关键时刻。在此背景下,通过智能化和数字化的改造来增强企业自身的抗风险能力成为当务之急。这一问题不仅仅是中国汽车行业当前亟须解决的主要课题,更是全球制造业普遍面临的挑战。

汽车行业正在经历着巨大的变革,其中最为引人注目的是对智能化的强烈需求,涵盖了电动化和智能化的核心领域。与此同时,网联和共享等新兴趋势也在推动整个行业的发展。新能源汽车的销量市占比已经逐渐接近40%,而这种变革不仅仅体现在销售端,还延伸到整个汽车生命周期,要求数字化和智能化技术全程支撑这一变革。

在汽车行业转型的过程中,工业互联网作为支持企业全价值链的关键技术,在多方面发挥了积极作用。

第一,协助企业搭建数字原生的架构。通过对信息化系统的重构,形成一体化数字原生架构,提高数据的整合和利用效率,推动企业运营更为智能、灵活。在这方面,汽车制造企业通过数字原生架构的构建,实现了生产过程的实时监控、调整和优化,从而提高了生产效率和产品质量。

第二,工业互联网推动了围绕用户大规模定制的创新。通过构建完整的OTD平台架构,包含研发平台和客户管理,实现了客户与主机厂的深度共创。在实际案例中,某汽车制造商通过OTD平台,与客户紧密合作,实现了根据客户需求进行个性化配置的服务。这不仅提升了客户满意度,也增强了企业对市场的响应速度。

第三,工业互联网通过协同平台的建设,实现了不同层级、多家供应商的一体化协同。这包括产能、生产设备状态、库存、物流、质量等方面信息协同,能有效应对物料短缺、信息不对称的问题,构建了一种共存共赢的合作模式。以某家汽车零部件制造商为例,该公司通过工业互联网协同平台,实现了与上下游合作伙伴的信息共享,提高了供应链的整体效益,降低了库存成本。

第四,工业互联网在物流领域的应用表现尤为显著。工业互联网通过建设相关控制和调度平台,成功统一了厂内和厂外物流的调度,特别是在AGV设备的改造方面,明显提升了物流效率。某汽车制造企业在实践中,通过AGV的智能调度和实时监控,实现了零部件的及时供应和生产线的平稳运行,有效缩短了生产周期。

第五,工业互联网在供应链大数据的应用方面发挥了关键作用。通过建立产供销的大数据湖,实现上下游数据畅通,为智能排产提供了强有力的支持,目前自动排产率已经超过85%。某家汽车装配企业在实践中,通过对供应链大数据的分析,实现了生产计划的优化和资源的合理配置,提高了生产效益。

第六,工业互联网在工厂内的应用主要体现在物联网领域。通过建立统一的IOT平台,结合5G技术、视觉和AI知识图谱技术,实现了主机厂设备之间数据的连接和有效利用。某汽车制造工厂在实践中,通过IOT平台的应用,实现了对设备状态的实时监测和预测性维护,降低了设备故障率,提高了生产线的稳定性。

第七,工业互联网在能源双碳方面也做出了重要贡献,如通过精准控制风机和空调设备,实现了每年上千万元的节能费用。某汽车制造企业在实践中,通过工业互联网的能源管理系统,实现了对生产过程能耗的监控和调整,有效降低了碳排放,达到了环保政策要求。

以上案例不仅展示了工业互联网在汽车行业中的广泛应用,同时强调了其对企业转型的实质性支持。未来需要继续致力于服务企业,将主机厂的先进理念和实践成果输出到广大工业端,助力整个行业迎接数字化时代的挑战。

科技创新驱动下的金融科技与产业融合

上海银行业务总监　守　元

科技创新正在推动金融科技与产业的深度融合，为此，本文深入探讨了金融科技在产业变革中的作用，商业银行数字化转型的关键因素，以及上海银行在金融科技创新方面的实践经验。

首先，金融科技作为产业变革的重要驱动力，人工智能、大数据、互联网等技术的成熟应用，为产业发展带来了新的动能。银行业作为数字化和智能化的先行者之一，金融科技已在客户营销与服务、风险控制、运营增效、投资咨询、产品迭代、体验优化等方面广泛应用。未来，随着人工智能和大数据技术的不断发展，金融科技与商业银行的深度融合将带来更多新业态、新模式，持续推动商业银行为实体经济提供高质量的金融支持。

其次，商业银行数字化转型和科技金融创新是应对新时代商业竞争的关键。数字化转型要实现发展动能由资源驱动向产品、服务和创新驱动转变，这包括加大产品创新力度、丰富产品供给，同时强化银行与客户的连接，将数字化金融服务融入企业客户经营和个人客户日常生活之中，构建新的服务场景和模式。

具体到上海银行的创新实践,银行通过下沉重心,充分利用金融科技提升普惠金融服务效能。推出的多款融合产品,如快贷——解决小微企业的融资难题。与上海市担保中心合作推出批次担保的业务模式,为小微企业提供一站式快捷融资服务。上海银行还与当地创新型企业共同研发了一款基于区块链技术的智能合同平台,通过智能合同的数字化管理,大大提高了贷款审批效率,为企业提供了更便捷的融资服务。

再次,上海银行通过精准赋能创新集团的客户服务模式。借助大数据、人工智能、区块链、云计算等技术,推出的管理服务体系,帮助企业实现一体化管理目标。与大型国企合作,建立资金管理平台,实现统一账户视图、跨银行集团的现金池,为上下游供应链提供金融服务。这一实践是与大型城市基础设施投资建设的综合服务供应商合作,成功打造了资金头寸管理与企业经营决策的仪表盘。例如,上海银行与一家领先的新能源公司合作,通过区块链技术建立了绿色能源供应链金融服务平台,为新能源产业链提供了全流程金融支持。

最后,通过开放连接赋能产业链发展。上海银行借助成熟的供应链金融商业模式和产品体系,通过场景＋产品＋风控的组合,实现了对企业非接触式的供应链服务。这包括智能化贸易审查、模型化风险测评等。通过与电商行业的头部企业合作,提供综合服务,实现全流程的线上融资。例如,上海银行与一家知名电商平台合作,共同推出了基于大数据和人工智能的供应链金融服务,为电商企业提供了更精准的融资支持,促进了整个电商产业链的健康发展。

综上所述,银行未来的发展将聚焦于打造更适应企业需求的产品和服务,通过科技驱动创新精准识别客户需求,打造数字化平台,促使金融服务与企业经营深度融合,构建更开放融合的生态,成为服务企业的数字底座和发展引擎。

数字化技术的应用改变传统产业链的运作模式

鑫方盛集团副总裁　汪焰林

数字化技术的广泛应用正在逐步改变传统产业链的运作模式,其中数字化转型被认为是工业品供应链发展的必然趋势。在国家倡导阳光采购、各大企业推动数字化转型的大环境下,高效、合规、透明的供应链采购逐渐成为新兴业态。这背后是数字化能力催生的全新供应链协同格局。

第一,数字化转型在数智供应链的四个阶段呈现出独有的特征。

第一阶段着眼于企业内部集成协作,实现各个部门和业务之间的畅通协作。例如,在鑫方盛的经验中,数字化转型的初级阶段旨在实现企业内部的协同,从而促使跨部门、跨业务的协作成为可能。通过数字系统的建设,企业内部形成更加紧密的协同网络,实现产业链内部的高效整合。

第二阶段为供应链内外的互联,促使产业链内外的融合和融通。这一阶段的关键在于通过数字技术,将供应链的各个环节进行连接,形成一个更为紧密的网络结构。通过数字化平台的引入,上下游合作伙伴能够实现更加高效的信息传递和资源共享,从而加强整个产业链的协同作业。

第三阶段以客户需求为主导,推动构建数字化工业链,快速响应客户需求并提供定制化服务。在这个阶段,数字化技术不仅是实现内部流程的协同,更是直接服务于快速变化的客户需求。通过数据智能分析客户行为和需求,企业能够更加灵活地调整生产和供应策略,提供更贴合市场需求的个性化产品和服务。

第四阶段构建可预测的数据智能供应链,实现智能采购和生态协同,形成全新的生态供应链格局。这一阶段的数字化转型更加注重利用数据智能,通过对大数据的分析和应用,实现对供应链的智能管理。企业能够借助先进的预测算法,准确预测市场需求和趋势,从而提前调整生产计划和供应链策略,实现供需的精准匹配。

通过与上下游的生态伙伴数字化对接和协同,实现共赢。在数字化转型的每个阶段,鑫方盛都强调了与上下游合作伙伴的紧密合作,以实现数字化的共赢效应。例如,在第一阶段,企业内部的协同就可能涉及与上游供应商和下游客户的数字化对接,从而实现全链条的畅通协作。这样的合作不仅是单一环节的数字化,更是整个数字化生态系统的搭建。

第二,供应链的演进呈现从传统单点链接到网络平面式再到融合立体式的趋势。这一发展过程以用户需求为核心,注重全链条生态的供应链。数字化作为连接上下游合作伙伴的工具,旨在提供高效的流程固化,并在高效流程的基础上实现降本。例如,在传统的供应链中,往往存在着单点链接,即每个环节之间的联系相对独立。数字化转型则通过建设网络平面式的供应链,将采购、销售、生产、技术等各个部门通过采购中心进行链接,利用内部资源的整合,实现成本的释放。这种流程的数字化固化不仅提高了内部的协作效率,还为企业实现了一定的价值创造。

在这个过程中,数字化技术的应用贯穿物联网、大数据分析、云计算等多个方面。例如,在网络平面式的供应链中,企业可以通过物联网技术实时监测生产环节的数据,从而及时调整生产计划。大数据分析则可以帮助企业更好地理解市场趋势和消费者需求,为产品的研发和生产提供更有针对性的指导。云计算技术则提供了高效的数据存储和处理平台,支持供应链信息的实时共享和协同。

第三,面对外部经营压力不断增大,数字化采购成为行业的惯性。以采购入口为主要特征的数字化转型在 2022 年实现了 14.32 万亿的总额,同比增长 13.7%。数字化采购渗透率从 2021 年的 7.24% 上升至现在的 8.28%,清晰地反映出数字化采购增长和企业采购数字化要求的显著变化。这一数字化采购的增长趋势在数字化供应链的整体发展中占据了重要地位。在数字化采购的过程中,鑫方盛通过数字化工具赋能上下游的合作伙伴,包括平台对接和供应商云链整合,帮助用户改善采购流程,提高履约效率。这表明数字化采购不仅仅是企业内部的一种需求,更是企业与合作伙伴共同推动的一种趋势。

在数字化采购的具体实践中,鑫方盛通过建立数字采购平台,实现了采购流程的全面数字化。通过平台对接,企业能够与供应商实现快速高效的信息交流,实现采购信息的实时更新和共享。同时,数字化采购平台还通过供应商云链整合,将供应商的信息、资质等数据进行集中管理,提高了供应商管理的效率和透明度。这一数字化采购的实践不仅为企业降低了采购成本,更为供应链的可持续发展提供了有力支持。

第四,供应链的数字化应用需全面涵盖从客户计划到产品开发、供货、采购、生产、履约交付到售后的全流程。数字化通过流程固化、切片和监测,在各个环节都取得了显著的效率提升。例如,在数字化转型的全流程中,从客户的计划到产品的开发,再到供货、采购的具体环节,数字化都发挥了积极作用。通过数字化,各个环节的效率得以提升,从需求的预测到产品设计开发时间的节省,再到供需匹配程度的提高,全流程时间缩短,实现了供应链协同和增强,提升了供应链管理的效率和运营质量。数字化在这个过程中既强调了对细微环节的切片和监测,又通过流程固化实现了对整个供应链的有效管控。

在数字化供应链的实际应用中,鑫方盛通过采用数字化解决方案,实现了对供应链全流程的全面管控。通过数字化解决方案,企业在客户计划阶段通过大数据分析准确捕捉市场需求,为产品设计和研发提供有力支持。在供货和采购环节,数字化解决方案通过智能算法优化供应链的配送和采购计划，提高了供应链的响应速度和效率。在生产和履约交付阶段，数字化解决方案通过实时监测生产过程和物流状态，保障了产品的质量和及时交付。在售后环节，数字化解决方案通过客户反馈和数据分析，不断优化产品和服务，提升了客户满意度和忠诚度。

第五，产业互联网三个链条中的上链、中链和下链在数字化供应链中发挥了关键作用。鑫方盛作为供应链的平台型企业，在中链系统中既是客户，又是供应商，企业通过数字化工具，如平台对接和供应商云链整合，为数字化供应链的升级提供支持。这一支持包括在数字化供应链建设中对上下游的高效对接，建设高质量的供应链群，并提供高效的履约专业服务等。例如，在鑫方盛的实践中，通过数字化供应链的升级，将上链、中链和下链有机地结合在一起，形成了一个完整的数字生态系统。在这个系统中，数字化工具如平台对接和供应商云链整合起到了关键的作用，加速了数字化供应链的建设和升级。

在产业互联网的发展中，上链、中链和下链的协同作用体现在不同层面。上链主要关注与客户的互动和信息传递，通过数字化工具实现与客户的高效沟通和定制化服务。中链则是在平台型企业的角色下，通过数字化对接和云链整合，实现与上下游的紧密协作，形成高效的供应链网络。下链则是关注生产和物流的数字化管理，通过实时监测和智能算法优化，提高了生产和交付的效率。这三个链条在数字化供应链中相互交织，共同构建了高效、透明、灵活的数字化生态系统。

总体而言，数字系统通过数字化解决方案，包括管理数字化解决方案、供应链数字化解决方案和交易数字化解决方案，为合作伙伴的技术升级提供了全方位支持。数字化供应链的建设与海量平台的打造共同形成了供应链的协同效应，实现了供应链管理效率和运营质量的全面提升。在数字化供应链的总体目标中，提高效率、实现降本是企业的关键诉求。数字化的引入不仅同时降低了显性成本和隐性成本，也在供应链生态圈中发挥了引领作用，成为核心工作中不可或缺的组成部分。通过广泛应用数字化解决方案，数字系统的建设已经成为推动供应链升级的强大引擎，为未来的产业发展打下了坚实的基础。

对工业数智底座的理解与阐述

曙光网络科技有限公司总工程师　　*陈冰冰*

关于这个话题,我将从以下四个维度来展开。

第一,数字化服务的全方位支持维度。工业数智底座在数据采集方面不仅仅局限于基础数据的收集,还有对温度、湿度等环境参数的采集,对工业数智底座通过连接各类传感器实时监测,甚至扩展到对生产人员的工作状态进行智能感知。这样全面的数据采集不仅可用于监测生产过程,更能实现预测性维护,通过数据驱动的方式减少设备停机时间。在数据存储和分析方面,工业数智底座采用了先进的大数据技术,能够深度挖掘历史数据,发现生产流程中的潜在瓶颈,提供更具体且有实践意义的优化建议。在可视化方面,工业数智底座的图形界面不仅被用于汇报生产状况,更可提供实时生产指导,使管理层能够及时调整生产策略以适应市场需求变化。

第二,数字化技术在工业知识转换中的应用维度。在工业知识转换过程中,工业数智底座利用先进的算法和机器学习技术,将高级工程师的独特经验转化为可重复的指导性数据。例如,通过模式识别,它能够将高级工程师在特定情境下的决策过程数字化,使初级工程师在数字化的指导下能够更快速地适应复杂的生产环境。此外,工业数智底座可支持分析大量的实验数据,从而推动工业研发的创新。通过将传统工业知识数字化,工业数智底座为企业构建了可持续发展的知识库,助力企业在技术变革中保持竞争优势。

第三,数字化平台与工业系统的协同维度。工业数智底座不仅是一个数字化平台,更是一个与实际工业系统深度协同的引擎。例如,在生产线上,它通过连接自动化设备实现实时监控和控制。在供应链的各个环节,工业数智底座也通过深入了解工业系统,提供个性化的数字化解决方案,确保数字化过程与实际生产过程相契合。这种深度协同不仅是技术上的融合,更是对整个价值链的数字化重构,由此来推动企业实现从传统制造向智能制造的跃升。

第四,数字化技术在高端装备制造业的应用维度。在高端装备制造业中,工业数智底座的应用更加深刻。在设计阶段,该技术支持虚拟仿真,可降低实验测试成本,也提高了产品的设计准确性。在技术验证和测试阶段,通过实时监测和数据分析,工业数智底座可迅速发现潜在问题,有效提升产品质量。在物联网应用方面,该技术实现了设备之间的互联互通。通过大数据分析,为企业提供了市场趋势和用户反馈,指导产品升级和创新。

综上所述,工业数智底座在数字化服务、工业知识转换、与工业系统协同以及高端装备制造业应用等方面,提供了深远且多层次的支持。其全面的数字化服务和深度协同作用,使得企业能够更好地适应数字化时代的要求,推动了产业升级,实现更高水平的数字化管理。

工业大模型及其发展趋势：
AI 和工业互联网的结合

百度智能云产品委员会联席主席、工业产品部总经理　黄　锋

数字化技术的应用正在逐步改变传统产业链的运作模式，从传统的系统到机器学习，再到近几年兴起的大模型，特别是 ChatGPT 等大语言模型的崛起，这一发展过程中，数据、算力以及算法等因素相互叠加，推动了人工智能领域的快速发展，以下简述其发展趋势。

第一，从小模型到大模型的时代转变。这实质上是由于小模型在解决特定问题时的局限性和高成本挑战所致的。小模型在解决问题时需要对大量的数据样本进行收集、标注和训练，且往往需要人为定义任务。相比之下，大模型的出现更多地解决了通用任务，它通过更低的成本，更迅速的周期，更好地适应多样化的问题，成为未来发展的趋势。

第二，在工业领域，数字化已成为趋势。工业互联网的快速发展推动了企业数字化的进程。然而，目前的数字化仅仅是将物理世界的情况在数字空间中呈现，真正发挥数据积累的潜力并应用这些知识，提高质量、降低成

本、提高效益,还需要更深度的挖掘。这正是大模型的应用所擅长的,从数据中挖掘知识,实现从感知到决策到执行的链路。

在具体的工业应用中,大模型在产线智能、企业智能、产业链智能等方向都发挥了关键作用。例如,在产线智能中,通过大模型应用,质量管控得到提升,同时,安全生产、能耗管控、调度优化等场景也得以优化,促使整个产业链的协同优化。

以百度智能云为例,它通过在 AI 技术研发上的大量投入,积累了丰富的经验。通过深度融合大语言模型等技术,百度智能云构建了开物企业数字化平台,实现了数字资产管理、应用开发,以及企业调度中枢的功能。

总体而言,大模型的出现在工业领域掀起了一场全链条的数字化革命。从产线到企业再到整个产业链,大模型为各个阶段提供了更广泛的应用场景。将技术落地到实际应用,创造更多的社会和经济价值是我们的主要目标。在未来,需要继续坚持长效为先,以应用驱动的理念,为工业客户创造更多的价值,促使人工智能技术更广泛地服务于各个行业。

工业互联网和数字生产的基石

——智能终端

威腾斯坦中国与亚洲中心董事长兼总裁 *海 雷*

近年来,中国的人口结构发生了显著变化。人口出生率下降,死亡率相对稳定,将导致自然增长率由正转为负。这不仅是近三年的趋势,更是一个未来几十年内将持续并可能恶化的趋势。面对这一挑战,我们需要认真思考如何解决适龄劳动力短缺的问题。进一步分析人口结构,可以发现老龄人口比例逐年增加,而15到65岁的劳动力比例逐渐下降。同时,受教育年限的延长导致年轻人毕业后才开始工作,劳动力比例下降更为明显。中国人口总体呈现出明显的劳动力结构问题,需要找到有效地解决途径。同时,在人口红利消失的情况下,中国的GDP仍然保持增长,但适龄劳动力的数量却在减少。虽然制造业是GDP的重要组成部分,但劳动力的短缺可能导致生产成本上升,利润下降。为了解决这一问题,需要深入思考提高生产效率的有效途径。

为了解决适龄劳动力短缺和劳动力成本上升的问题,需要采取一系列切实可行的解决方案。其中,提高生产效率是一个重要而现实的途径。智能终端作为工业互联网和数字化生产的核心组成部分,直接影响生产效率的提升。

智能制造被认为是解决上述问题的有效手段之一。通过工业互联网,各个生产要素得以连接。图表(略)展示了四次工业革命的演进,当前正处于工业互联网时代。与第三次工业革命的互联网不同,工业互联网实现的是物与物之间的信息交流,为生产提供更高效的方式。

下面首先介绍智能终端的作用。在智能制造中,智能终端起到了关键的作用。这包括机械和电子设备的结合,数字机电的发展,以及智能终端与整个工业互联网生态系统的连接。特别是智能产品,即具备生产过程信息和数据收集交流能力的产品,成为智能服务的基础。

其次,进行案例分析。以智能数字齿轮箱为例,内置传感器和处理芯片实现了对产品的动态监测和数据收集,从而为预测性维护、降低停机时间、减少维护成本提供了可靠的支持。该产品在不同领域的应用,如包装机、机器人、搬运系统等,均展示了智能终端在提高生产效率和降低成本方面的显著优势。

再次,聚焦中国的智能终端应用案例。智能终端在中国各个领域中有以下应用案例,包括数控机床、特斯拉超级工厂、高铁车辆制造、风能叶片加工等。这些案例充分证明了智能终端在提高生产效率、降低成本以及实现产业升级方面的广泛应用。

再次,聚焦智能终端与数据驱动决策。智能终端的数据驱动决策在工业制造中具有突出的作用。通过智能终端收集的大量数据,制造企业可以实现更精确的生产计划和供应链管理。数据分析和人工智能技术的结合使得制定决策更加智能化,例如预测维护时间点和优化生产流程。这种数据驱动的决策模式有望在人口危机和劳动力成本上升的情况下,为制造业提供更为可持续和高效的解决方案。

最后,展望技术创新与智能终端的未来。智能终端将在技术创新的推动下迎来更为广泛的应用。新一代传感器技术、先进的数据分析算法和人工智能的不断进步,将使智能终端更加强大和智能。这种技术创新将赋予智能终端更多的功能,如更复杂的数据处理、更高效的通信能力等,从而更好地满足未来制造业对智能化的需求。

除了高效生产,智能终端的可持续性也是未来发展的关键方向之一。在设计智能终端时,采用环保材料、高效能源设计等可持续性原则,将为制造业注入更为环保和可持续的元素。同时,智能终端的智能管理废弃物的能力也将为制造业降低环境负担,实现经济效益与环境友好的平衡。

同时,智能终端技术的普及对工人的技能和培训提出了更高的要求。教育体系需要与技术的发展同步,为劳动力提供与智能制造相关的技能培训。这不仅有助于解决劳动力短缺问题,还能够使劳动力更好地适应智能制造的工作环境,推动制造业向更高端、智能化的方向发展。

同样,中国在智能制造领域的成功经验为国际制造业树立了榜样。未来,国际合作与经验分享将对全球制造业的发展产生积极影响。通过共同努力,制造业可以共享先进技术和最佳实践,推动智能终端的全球应用,为制造业的创新和发展提供更广阔的空间。

总体而言,人口减少和劳动力成本上升给中国制造业带来了严峻挑战。智能制造,尤其是智能终端的应用,为解决这一难题提供了切实可行的方案。通过不断创新,我们可以实现产业升级,使中国成为全球制造业强国。在未来的发展中,应当继续脚踏实地,持续推动智能制造的发展,以适应人口结构的变化,提高生产效率,降低成本,为中国制造业的可持续发展贡献力量。

探讨如何通过数字化和智能化的赋能，构建未来的智能工厂

鼎捷软件营运长　刘　波

近年来，我国工业企业在转型升级的过程中，亟需思考下一个发展的要素是什么。随着中国制造向中国创造的转变，发展理念也由高速发展向高质量发展迈进。在这个过程中，关键问题是如何通过数字化和智能化的赋能推动未来智能工厂的构建。

第一，关注数字化和智能化。数字化和智能化的赋能是构建未来智能工厂的核心。通过深入剖析数据在产业升级中的关键作用，我们认为其不仅是采用高技术含量或增加附加值的产业发展方向，更是千行百业全面升级的关键。关键在于让数据成为推动产业升级的要素，实现数据的要素驱动，让中国制造最终走向中国创造。

第二，聚焦数据的关键作用。中国企业发展的历程从最初人口、土地等传统要素的价值直接变现后，逐步实现了对生产过程、工艺流程以及产销循环的流程管理的差异化竞争优势。数据作为驱动这一变革的关键要素，逐

渐从驱动流程进化为驱动网络,即具备了自动感应当下环境并做出相应决策的能力。

第三,引入新引擎。新引擎具备先进的封装知识图谱和智能思维的数据驱动能力,助力企业完成向数实融合下的真正数字企业变迁。这个新引擎的特点在于,它不仅具有封装知识图谱,更拥有智能思维的数据驱动能力,使企业能够实现新的相关能力。

第四,查看数字化和智能化的赋能对企业的影响。这样的数字化和智能化的赋能,不仅在实现降本提质方面取得了显著的进展,更在各个领域增强了企业的竞争力。随着物联网技术的成熟,对现实世界的感知能力不断提高,企业能够随时侦测和感知到环境的变化,形成了一个越用越聪明的系统。

第五,对于ESG问题的关注。在数字化的进程中,不仅要强调对生产效益的关注,也需要将目光投向ESG(环境、社会、治理)问题。需要深刻认识到碳权将成为未来关键的生产要素,企业需要在ESG管理和命题上发挥更为积极的作用。同时需要打造ESG的数据管理平台,通过将ESG相关的标准和文件封装进知识图谱,实现对整个企业ESG动态的感知。

第六,对于未来数字企业的愿景。需要构建未来的智能工厂,实现从传统制造向智能创造的全面转变。理想状态下,数字化和智能化的赋能可以使企业实现随需求而制造、随需要而送达,产品能够实现随需要而智能的目标。同时,希望竞争对手不再仅仅是竞争,更有可能成为合作伙伴,共同在一个重新定义关键能力的生态体系下运作。

总而言之,要着眼于我国工业企业在转型升级中所面临的核心问题,即如何通过数字化和智能化的赋能构建未来智能工厂。强调数字化和智能化不仅是产业发展的方向,更是千行百业全面升级的关键。

智慧运营控制塔：现代化精益生产的新纪元

零赛云创始人、CEO 庄建伟

现代企业面临着复杂的经营环境，类比于机场的控制塔，智慧运营控制塔将成为企业应对挑战的重要工具。本文将探讨智慧运营控制塔的概念，并详细介绍其在汽车制造、电子和机械装备等行业中的应用。

首先，回顾控制塔的概念。一般而言，我们提到控制塔，很容易联想到机场的塔台，负责协调飞机的起降、评估天气状况、监测跑道情况以及飞机负载等各种要素。类比到企业经营中，同样需要一个控制机构处理生存环境、竞争对手、定位策略以及内部运营等多个层面。Gartner 最早提出了一个控制看板的概念，将可视化、分析和闭环管理融为一体。零赛云在此基础上进行了发散性思考，并将这些理念融入产品中，通过一系列组合，实现了控制塔理念更好地导入到企业中，并通过低代码的底座赋能上层应用和功能，提升了整体的灵活性。我们主要涵盖了智慧控制、经营协同、敏捷底座以及以 AI 为驱动的中轴这四个主要方面。

其次，在服务的主要行业中，包括汽车制造、电子和机械装备等领域，现代化的精益是什么样子的？这是一个值得思考的问题。这里初步总结以下五个关键点：准时决策、全员数字化质量管理、持续改善、创新涌现和人才赋能。这些特征体现在智慧运营控制塔中，其中动态决策通过指标分析和运营指标的透明可视化建立而持续改善，通过模型驱动低代码的方式固化在系统中。

再次，在服务的客户中，特别值得注意的是，某家汽车制造企业经过长达五年的持续深耕，成功将智慧运营控制塔升级至 2.0 版本。该企业依然依赖我司提供的三个低代码平台，包括工业 BI、工业数据治理以及工业低代码开发这三款产品。这个案例凸显了底座平台上的模型驱动低代码的卓越功能，通过对模型的巧妙组合，成功实现了熊彼特所强调的组合式创新。

然后，在持续开发方面，特别提到了场景市场、应用市场和模型市场的重要性。场景市场明确定义了应用适用的客户场景，应用市场则明确了在这些场景中可行的具体应用。与此同时，模型市场则涉及将应用拆解为各种模型，以更好地满足不同行业和客户的需求。这种市场细分为客户提供了全面的解决方案，以适应不断变化的业务环境。这也是我们能成功协助汽车制造企业升级至 2.0 版本的关键要素之一。

随后，在创新涌现方面，公司提供了应用聚合和应用设计的中台，通过桌面管理降低工作负担。最近，大模型的应用引起了广泛关注，公司将其与工业模型驱动的低代码结合，通过大模型的推理能力加工产品沉淀的资产，实现更高效的应用开发。

最后，强调了在控制塔规划中的演进，从 2.0 和 3.0 加入预测性指标分析到 4.0 实现自主控制和自适应流程。公司鼓励企业在 IT 规划中平衡整体和局部、定制和标准、稳定和敏捷以及短期和长期，以快速应对工厂流程的变化，提高效率，降低成本。

另外，关于人才赋能，不仅仅是学习更多的知识，还包括通过更好的工具赋予人们更多的能力，使他们能够完成更大的目标。这一观点强调了培养和发展团队成员的重要性，以确保他们具备适应变化和创新的能力。在控制塔的构建中，人才赋能被看作是推动整个系统不断进化和提高效率的关键要素。通过提供先进的工具和培训，企业可以更好地利用人才的潜力，从而更灵活地应对不断变化的市场环境。

　　总的来说,零赛云的控制塔体系理念旨在帮助用户改造工厂,提升效率,降低成本。在控制塔规划方面,零赛云正在不断演进,加入了预测性指标分析、智能附加能力和机器学习算法。未来,零赛云将朝着自主控制、自适应流程的方向发展,并通过生态合作伙伴共同推动控制塔的发展。最终,我们希望帮助中国制造企业在市场中找到差异化定位,获得全球竞争的成功。

尖峰对话

主持人：

金　科　德勤中国创新及数字化研发中心主管合伙人

企业家代表：

海　雷　威腾斯坦中国与亚洲中心董事长

尹可杰　依柯力董事长、总经理

王春江　宁波捷创技术副总经理

金科：

尊敬的各位嘉宾，女士们、先生们，大家下午好！

我是来自德勤中国的合伙人金科，非常高兴，今天下午有机会跟在座的几位重量级嘉宾就"工造万物·互联无界"的主题进行交流，探讨数字赋能及怎么利用数字化技术共建产业的生态。刚才听了一下午的分享，内容包括前沿的科技、大模型、低代码平台、人工智能，以及物联网、大数据的技术，恍惚让我觉得这是在 IT 和互联网大会里。我们今天处在一个全面转型升级传统工业制造，迈向未来更加智能化制造生态的过程中，大家比较关注绿色、低碳、专精特新的发展，以及工业应用的丰富场景，关注泛工业和科技界未来的发展，洞察全球工业转型升级的趋势。2012 年数字化技术成为第四次工业革命的起点，随后大数据、云计算、区块链等技术应接不暇，这些技术在各行各业生根发芽，中国作为全球制造业的大国，毫无疑问，工业领域的工业数字化历程中也是波澜壮阔的。今天我们就结合这些技术的发展去探讨未来工业数字化转型发展趋势，未来将有哪些挑战和机遇？我们也非常期待听到各位嘉宾关于如何利用数字技术转型升级产品，推动企业更好地发展的见解。今天我们请到了三位来自企业的嘉宾代表，分别是威腾斯坦中国和亚洲中心的董事长海雷总，依柯力的董事长、总经理尹可杰，还有宁波捷创技术副总经理王春江。

首先请各位嘉宾先做一个简单的自我介绍，包括自己以及所处企业。首先请海雷。

海雷：

谢谢，我是海雷，来自威腾斯坦公司，目前负责威腾斯坦中国和亚洲中心。威腾斯坦的主要产品是精密隐性齿轮，产品线围绕着这一核心产品进行了扩展，现在的产品包括齿轮、伺服电机、控制器，再加上软件这部分，数、机、电一体化应用于驱动传统，我们的产品在各个工厂、在生产制造行业分布得非常广泛。

金科：

谢谢海雷总。接下来请依柯力的尹总。

尹可杰：

依柯力专注于新能源汽车，专门为客户提供制造领域智慧工厂的一站式解决方案。只要新能源客户找到依柯力，其未来五到十年的数字化转型交给依柯力基本上就可以了。我们是 2010 年出来创业，2013 年成立股份公司，计划明年申报科创，后年挂牌，也得益于新能源的发展，这两年我们的发展速度很快。大家熟知的汽车品牌，无论是传统的 BBA，还是丰田、日产、本田、福田、通用，都是我们很好的客户。这两年异军突起的比亚迪，也是我们服务的客户。除此之外，三电的客户也是我们服务的客户，同时，汽车零部件公司也是我们公司服务的对象。我们依柯力为客户从咨询到规划到设计到开发到现场的运维,提供一站式的解决方案。我们坚定地看好中国新能源发展,希望赋能新能源客户,让中国之光越做越好。

金科:

谢谢尹总,新能源是中国高科技名片之一,这个行业在未来的发展非常让人期待。接下来请王春江总。

王春江:

大家好,我是宁波捷创的王春江,同时也是我们集团研究院的院长。捷创技术从 2002 年成立,成立二十多年来一直服务于工业企业。我们的核心画像主要有四个,一是我们公司目前推出的整体服务品牌,叫捷创密封智慧工厂,把我们二十多年来服务于制造企业的经验通过 APP 服务整合起来,帮助企业整体信息化的提升。二是"三化融合",我们公司从原来成立的时候做自动化,到现在公司有两大自主产品——IT 和 CT,加上传统的 OT,"三化融合",主要为企业做服务。对于中小企业来说,整合场景的服务能力很重要,"三化"的融合更加适配。三是我们把自己称为消除数据孤岛的企业,现在很多工业互联网平台在做应用的时候,用了不同厂家 APP 的产品,而我们积木式的 APP 可以单独部署,也可以组合式的部署,帮助企业消除数据孤岛的问题。四是我们公司的远景特征,"鸟语花香,百花齐放",我们要服务中小企业,他们需要性价比好、非常适配的智能制造软件服务。我们把"百花齐放"的理念赋予千行百业的中小企业,给他们做好服务。

金科:

确实,中小企业在过去几年的数字化转型过程中,与大型企业相比,还是遇到很多的困难。我们在行业里面也做了一些分层的调研,我们看到中小企业在资金、人才、技术、创新等方面面临着典型的挑战,需要更多像捷创这样技术赋能的厂商帮助中小企业进行转型升级。

金科：

很高兴能有机会与海雷总进行深入讨论。威腾斯坦是一家专注于提供高动态运动、高精度定位和智能联网的定制化机电一体的驱动产品的企业，结合您在中国市场的发展经验以及国际视野，您认为贵公司的国际经验和中国的发展经验是如何相互驱动的？

海雷：

首先，我认为世界正在变成一个地球村，某个产品在某个国家刚刚推出，很快就会在全球范围内广泛使用。对于企业而言，开放与学习是至关重要的。与过去相比，中国企业现在具备更强的竞争力，这使得其在国际市场站稳脚跟成为可能。开放的意义不仅在于国门敞开，更在于国内产品变得愈发具备竞争力。当今正处于第四次工业革命，物联网等技术的发展使得中国在全球物联网应用方面处于领先地位。因此，每个企业都是国家发展的一部分，互相学习和公平竞争是非常重要的。

其次，数字化转型是一个生态系统，可以类比成一个人：拥有大脑（信息存储与处理，如云端和软件）、传导信息的系统（WIFI、5G 等）、智能终端（类似人的手、脚、眼睛、舌头）。在当前的制造企业中，许多仍处于执行阶段，而未充分利用终端部件进行信息的收集。智能终端需要具备信息搜集的功能，从而构建完整的智能制造生态系统。

此外，从客户应用的角度考虑，企业必须为客户创造价值，通过增加产品的附加值来获得利润。例如，通过分析客户需求，加入数据收集功能，实现自动维护和预维护，提高设备稳定性，为客户节省时间和成本。对于企业而言，通过提供附加值而非仅提供产品，可以增加利润，促进良性发展。在当前人口红利逐渐消失、劳动力成本上升的时代，企业需要通过创造更多附加值来弥补成本，而这一点需要通过研发来实现。

金科：

非常感谢海雷总的分享。通过您的经验，我们可以看到制造业数字化转型的机遇和挑战，以及如何通过智能制造提升企业附加值。这也进一步证实了创新和设计能力对于企业的关键性作用。感谢您为我们提供这些深入的见解。

金科：

全球尤其是中国新能源行业正在蓬勃发展，您认为该行业哪些环节和场景对于实现国家的节能减排、可持续发展具有潜力，并对城市和社会治理产生关键影响？新能源行业对于工业软件的需求如何？依柯力作为国内工业软件公司，是如何在数字化转型中协助新能源行业客户的？在新能源行业的发展中，特别是在欧盟提出苛刻的电池准入标准后，您认为是否会还有新的发展机遇？工业软件在这个背景下将如何发挥作用？

尹可杰：

首先，从汽车行业的角度来看，新能源行业的兴起对中国社会的可持续发展和治理具有重要作用。通过引入绿色能源，如光伏和氢能，中国可以在2030年达到碳达峰，2060年达到碳中和的目标，实现由社会主义数量的强国向社会主义质量的强国的转变。新能源的普及和应用将显著减少中国的能源消耗，尤其是减少石油和煤炭的使用，降低社会成本，为中国实现世界发达国家地位提供支持。此外，新能源产业的发展也促进了中国在能源供给方面的自主创新，加强了基础设施建设，为未来提供雄厚的能源基础。

其次，新能源行业对工业软件的需求在数字化转型中愈发凸显。依柯力自2016年进入新能源领域以来，通过数字化工厂项目为客户提供支持，更重要的是在客户平台上基于自主研发的工业软件，实现了整车系统的领先。与国外竞争对手相比，依柯力虽然在研发和品牌方面较弱，但通过云化和SAAS化的软件提供，依柯力成功超越了传统的制造端软件。与国外公司不同，依柯力的理念是创造客户价值，而非简单地销售软件。这种理念为国产工业软件崛起提供了巨大机会，尤其在新能源行业，为企业提供了一个突破的平台。

最后，欧盟提出的电池准入标准为新能源制造业提供了发展机遇。这些标准要求电池生产商负责回收，同时电池要具备碳足迹等信息。虽然这增加了制造成本,但也迫使相关制造业进行数字化、精细化管理。数字化转型助力中国企业通过提高效率、降低碳足迹来应对上述标准的挑战。对于工业软件而言,这也为其提供了一个发挥作用的机会,通过数字化管理、碳足迹监测等助力制造企业更好地适应新标准,提高市场竞争力。

金科:

尹总分享了新能源行业的发展机遇,以及数字化转型对于制造业的重要性。对于新能源汽车行业而言,未来仍有巨大的机会。感谢尹总的深入见解,期待新能源行业在数字化转型中取得更大突破。

金科:

看到中国新能源汽车行业的崛起,我们深感这个行业近年来发生的巨大变化。王总作为宁波当地的企业,在工业数字技术领域是如何助力中小企业进行制造转型的,特别是在产线规划、管理优化等方面有哪些成功的实践案例?

王春江:

我们捷创秉持着三个关键词来指导对中小企业的服务理念:智慧、整合、创新。首先是"智慧",随着人工智能技术的发展,我们看到人工智能在智慧工厂中发挥着越来越重要的作用。在我们的服务中,我们强调对人的知识价值的尊重,关注企业知识产权的保护,善待员工,提升员工效率,使其成为未来智能制造的特征。我们相信,尊重创造和善待员工的企业将在未来市场上更具竞争力。

其次,当服务多个行业时,我们强调整合。我们将客户需求分为三个层次。一是50%的共享需求,即行业共有的特征。我们通过共享产品解决泛行业的基础模块需求,提供了价格更低的SAAS服务,助力企业信息化转型。二是30%的行业共享需求,通过提供行业共享的产品解决方案,满足行业共性需求。三是20%的定制需求,为企业提供高度个性化的服务。我们通过整合这三个层次的需求,形成了一个服务链,使服务更加精准高效。

最后,持续创新是保持企业生命力的关键。在过去的 20 多年中,我们高比例投入产品研发,确保自主可控。在数字化转型中,没有创新和变革的持续迭代,企业难以超越竞争对手。因此,我们要有创新的精神和斗志,将服务理念贯彻到企业实践中,这是我们捷创技术服务客户的核心理念。

新能源行业对工业软件的需求不断凸显。在数字化转型中,依柯力通过数字化工厂项目为新能源客户提供支持,同时基于自主研发的工业软件,领先于整车系统的开发。相较于国外竞争对手,我们以创造客户价值为理念,通过云化和 SAAS 化的软件提供,成功超越了传统的制造端软件。新能源行业为工业软件提供了发展机遇,我们将通过数字化管理、碳足迹监测等助力制造企业更好地适应新的发展标准。

我们通过整合服务理念,解决中小企业在数字化转型中面临的挑战。其中,挑战主要体现在共性需求的满足和价格成本的控制上。通过将 50% 的泛行业共享需求和 30% 的行业共享需求整合,我们可以提供更低价格的 SAAS 服务,帮助中小企业实现信息化转型。同时,通过提供共享产品解决方案,解决了中小企业在数字化转型中对高度定制需求的困扰,降低其数字化转型的门槛,提高了效率。

科技论坛

编者按：2023 年 11 月 11 日，以"走向科技强国的科技期刊"为主题的 2023 上海科技期刊高质量发展大会在上海科学会堂举办。在当前日益激烈而复杂的国际竞争中，科技创新是主要征程。科技期刊承载着科技成果发布和交流的重要职责，正向支撑国家科技创新的基础性平台转变，直接体现国家科技竞争力和文化软实力。此次以"走向科技强国的科技期刊"为主题，组织举办院士圆桌会议，旨在通过研讨、分析、比较我国与国际先进水平的差距，科学研判集成科技期刊发展方向，探索办刊创新体制机制，激励科技期刊发展多方协同，加速培育依靠中国自己的现代出版集团，为新时期科技期刊高质量发展提供有力支撑。

系列院士圆桌会议已成功举办了 23 年，先后围绕科技和社会发展的重点、热点和难点主题，深入讨论交流思想、阐述观点，实现了启迪思想、指导实践的宝贵价值，产生了积极的社会影响。

中国科学院院士、同济大学原校长、《细胞研究》前主编裴钢院士以"期刊尚未成功，同志仍需努力"为题致辞

致辞的题目表明了我的观点，就是我们已经取得了很大成绩，但是比起我们所肩负的历史使命、时代使命、科学使命和国家使命，同志仍需努力，期刊发展任重而道远。主要有以下观点。

一、目前期刊取得成绩的原因分析

第一，大势所趋。期刊的成功一定程度上是国家科技事业的成功，因为科学期刊是科学事业的缩影、反映。当然，科学事业做好了，不代表期刊一定做得好。中国期刊较好反映了中国科学的现状，在中国科技事业的发展中贡献了力量。另外，类似中国科协关于优秀期刊的资助项目对期刊发展也非常重要。这样的项目不仅营造了好声势，还为做好期刊奠定了实力和

基础。

第二,"人"是最重要的因素。科学期刊和科学事业一样,以人为本。办什么样的期刊?有世界一流的"人",才可能有一流的"事业"。除了有"人",还要有机制。如果机制不对,有"人"也办不成事,即使有了能人,也会待不住跑了。如果机制不对,就引不来、待不下、留不住人。中国的期刊能否成功或多或少跟单位相关,单位是竭尽全力支持,还是处处掣肘,影响很大。人才、机制和经费,这个"铁三角"是做成任何一件事情的关键点,期刊可能也不例外。

第三,科学共同体。做得好的期刊基本和科学家群体关系特别好,靠着专家们同心协力,以及各个学会、社会团体支持,形成社会合力,把期刊做好。

第四,反映前沿问题。我们的期刊非常能反映中国科学乃至世界科学的前沿问题,当然这也是我的期望之一。我们的期刊和科学团体的紧密合作,不仅能及时反映中国在这个领域的前沿,还能反映世界的前沿。我们的敏感性、对前沿的反应,是期刊的活力所在。

第五,对影响因子的重视。我们要更好反映科学进展、科学前沿、交叉学科的真正发展,从影响因子本身来理解它。

二、对未来的三点期望

第一,继续发挥机制体制优势。我们的期刊目前还是单打独斗,虽然有一个出版集团,但是那些期刊目前还比较分散,即使从各个方面得到单位支持,但没有形成现代期刊最基本的出版制度。中国国情对于出版行业的管理,在人才制度、机制制度、用人制度等方面,应该更灵活、更符合期刊发展、科学技术发展的内在规律。

第二,反映科技前沿尤其是交叉学科前沿新型领域。新兴交叉领域是科学的最前沿,除了基础研究之外,要大力反映各种形式的转化研究,包括当前世界主要问题、重大疾病问题、全球变暖问题、双碳排放问题等。站在这些重大的问题点上,期刊就有立足之处。

第三,用好人工智能。人工智能是当前世界最热的点之一,我们也不能落后。人工智能对科学事业有深远影响,对科学期刊发展影响可能更大。如果人工智能可以取代人做编辑等事情,我们就将有更多时间精力与科学家更好面对面交流,也可以有更多时间把期刊编辑工作做得更好。

随着中国科学的发展,期刊一定会得到更大发展,在上海科协支持下,预祝上海期刊也能够始终走在中国先进期刊的前列。

《分子植物》追求一流之路

中国科学院院士、中国科学院分子科学
卓越创新中心主任、《分子植物》主编　　韩　斌

今天，我来介绍下《分子植物》杂志及其 15 年走过的路。

《分子植物》于 2008 年创刊，期刊由分子植物科学创新中心（前植物生理生态所）和植物生理分子生物学会共同主办，获评中国科技期刊卓越行动计划领军期刊。这几年，特别是 2020 年以后，期刊影响因子跃升超过 20，实现了国际影响力第一。

一、《分子植物》创办背景

植物科学与人类遗传学和人类基因组计划并行的国际基因组计划就是拟南芥模式植物基因组计划，中国、美国和日本等国联合开展的水稻基因组计划，其中最早有影响力的文章都是中国科学家完成的，也就是 2002 年在《Nature》和《Science》杂志发表的水稻基因组计划文章，说明植物科学进入了基因组学时代。

过去的植物学是一个描述性科学，如今到了基因组学时代，也就是真正

进入了分子生物学时代。物理学是原子和粒子的科学,化学是分子和分子的科学,生命科学就是生物大分子的科学。我们叫"分子植物",为什么?大家懂分子生物学吗?叫"分子植物"自然就是要研究前沿科学领域。

中国需要一本国际化的植物科学英文科技期刊。我们所老一辈科学家讲了三个梦想,我听了很感动。第一个梦想是能够在可控条件下种植物,系统评价植物表型,第二个梦想是要有一个具有国际影响力的英文期刊就好了。如今这两个梦想已经实现了。第三个梦想,是做出具有国际影响力的工作。第三个梦想,我们还在努力。

二、发展初期的关键人物和主要策略

2008 年,期刊聘请了栾升、何正辉、崔晓峰,他们三个人起了很大的作用,包括带头和牛津大学出版社合作,组织国际化编委,定期开编委会,组织专刊等。期刊每年召开编委会,编委会由 100 多位知名外籍科学家组成,为专刊邀约高质量稿件、建立影响力,奠定了良好的基础。

三、快速发展期的关键人物和主要策略

2014 年,我们和细胞出版社(Cell Press)建立了合作伙伴关系,进入了 Science Direct 数据库,出版发行的渠道非常好。Science Direct 数据库起到了很好的宣传发行作用,我们的文章被阅读得非常及时。另外,就是拥有客观公正且高效的国际同行评审。我们每年还会举办国际学术会议,期刊编委同时也是我们的嘉宾、报告人以及国内外的学术领域同行,这也起到了很好的作用。

四、冲击顶刊期的关键人物和主要策略

关键人物有编辑部崔晓峰,他领导的团队创建了具有国际视野的专职编辑队伍。崔晓峰建议发起"植物科学新星全球遴选活动",通过评奖活动遴选全球上升空间大、有前途的科学家,请他们来做报告,再请专家给他们打分,评出好的。一方面给予奖励,另一方面在投稿方面给予优惠。我们一共办了两期,主要针对全世界范围内青年科学家,活动影响非常大,参加人

数非常多，专家评审队伍也非常强大。

我们创办的《植物通讯》是高起点文章，已经发表了 350 多篇论文，也发表一些及时前沿的综述性论文。

杂志的发展还任重道远，要发表有长久影响力的论文，难度非常大，竞争也非常大。未来我们也一定要办好这两个期刊，它们是植物科学的品牌，也是重要的国际交流期刊。

先进纤维材料引领未来发展

中国科学院院士、东华大学材料科学与工程
学院院长、教授、《先进纤维材料（英文）》主编

朱美芳

一、纤维与期刊瓶颈

纤维材料跟人类文明进展密不可分，既关乎国计民生，也关乎国家战略。之前大家总以为纤维材料就是穿在身上的，其实纤维材料可以用到国民经济的各个领域，可以"上天、入地、入海"。

世界各国都在重点布局纤维材料，如美国成立了革命性纤维联盟，欧盟的光电、储能纤维，德国搞的未来纺织（future TEX）计划等。虽然我们国家对这方面也非常重视，但大家对纤维学科在前沿技术和多学科交叉领域的认识可能并不充分，比如高性能纤维复合材料在航天领域的用处、AI赋能纤维这样非常交叉的领域等。

如果在没有打造《先进纤维材料》期刊之前用fiber（纤维）这个词搜索发文量，我国的相关发文量也很高、作者群也是很大。因为中国在国际纤维领域没有自己的期刊，基本被欧美垄断了（我们前期做了调研，目前国际纤维

领域的期刊主要是美国 5 本、日本 1 本、韩国 1 本），那些期刊影响力都不算大，基本在工艺领域，没有涉及交叉的、很前沿的领域。在这样的背景下，创办国产的英文期刊刻不容缓。

二、创刊与办刊情况

依托国家重点实验室，材料学科也是双一流学科，在上海市科协和中国材料研究学会的支持下，我们得到了社会各界的支持。

要办这个期刊，怎么定领域呢？我们把世界各地专家聚集到上海，办刊之前请他们一起讨论：期刊要不要办、怎么办、名称叫什么？我们选择了中规中矩的名称"Advanced Fiber Materials"，简称 AFMS。办刊宗旨是提升国家科技实力。采取"科学家办刊"模式，由我来担任首届主编，顾问委员会有 6 位外籍院士、15 位中国科学院和中国工程院院士，25 位编委会成员以年轻人为主（含 15 位国外编委）。刚办新刊的时候，我们成立了第一届青年编委，有 45 人，以国内青年为主，也有国际上的一些华人青年学者。发展到现在，有更多青年学者自愿加入，编委人数增加至 73 人。

我们想把中国的材料，特别是纤维材料，做到世界最好，真正为国家自立自强做出贡献。

我们期刊的影响力从 2019 年 10 月到 2022 年 6 月，影响因子就达到了 12.58，今年更是达到了 16.1，直接进入了 Q1 区（前 25% 期刊）。

三、审稿和发文统计

我们期刊现在的第一轮拒稿率约 80%，第二轮拒稿率约 20%。在纤维领域，大家都以投我们的期刊并且能被选上来展现高专业水平。大家都很愿意引用我们期刊，因为纤维有无限的想象。因为期刊总体拒稿率达 87.3%，所以要在我们期刊上发表文章确实是有难度的。

关于期刊发表文章的来源，国际投稿量大概为 1/3，发稿量为 1/4。目前，我国纤维研究是世界领先的，稿件来源多、质量高，有时即使我们很想多发表一些国际文章，但是他们的质量达不到我们的要求，这也是我们目前遇到的难题。

四、引用与宣传策略

一本好的期刊也要注重新媒体的宣传。我们现在通过微信公众号分模块推动,每篇文章每个星期都会推送,另外还有分领域精准推送,所有论文都会推送。这样既宣传了期刊,也宣传了纤维研究,还宣传了作者。我们也在各种会议上做宣传,有很多期刊到我们这边召开期刊发展论坛研讨会。

五、建设与引领目标

我们在这个领域从影响力较弱到逐步提升,一是靠期刊的影响力,二是靠青年教师人才引进,促进国际交流、起到引领作用。我们创办了一本期刊、办了一个有影响力的国际会议,还设立了纤维领域的国际大奖。

我们的建设目标,是要打造一流学术期刊,服务于科技强国,引领未来发展。

科学编辑之道

中国科学院分子细胞科学卓越创新中心研究员、
中国科协常委、《细胞研究(英文)》主编

李党生

科学编辑之道的"道"可以从两个层面理解,一是道路,即如何做事情的具体方法,二是中国古典哲学所说的"道可道,非常道"。我想从科学研究向前发展的视角来阐述:科学发现要发表,被更多人看到,经过进一步检验,甚至改进。从这个角度看,科技期刊不仅是一种产品或一个行业,还是科学向前进步的有机环节。

一、当前我国科技期刊发展中存在的隐忧

在没有人为操纵的情况下,很多时候影响因子在相当的程度上和杂志科学质量、杂志学术威信是正相关的。但是,影响因子是有可能被操纵的,包括恶意操纵。恶意操纵的背后有很多问题,其中一个非常重要的问题就是怎么评价科技期刊。评价科技期刊不仅是独立事件,还是评价问题,包括评价科学家、科研机构。我们习惯根据论文数量来评价科学家或科研机构,用影响因子来评价期刊。这样肯定是不科学的,我们应该怎么办?

第一，要呼吁建立合乎科学的评价体系，让评价回归评价本身。评价应该是评价，不应该是数数。评价科学家，应该评价其做出的科研成果；评价期刊，应该评价其发表论文的学术水准。

第二，要在人格上摒弃浮躁，真正地追求卓越。

第三，要不忘初心，有敬业精神，对自己有"存敬畏之心，行荣誉之事"的要求。科学家的初心应该是追求科学真理。

二、科学编辑之道是什么

1. 坚持"科学家优先"的理念。理由很简单，科学出版行业之所以存在、科学编辑职业之所以存在，是因为有人做科研。科学家优先，这是编辑的工作态度。但是，"科学家优先"这条理念不能解决所有问题，科学家决策是多样的，有时候他是作者，有时候他是裁判，有时候他是读者，科学家本人也是科研工作者。就像"绿灯行、红灯停"是基本交通规则，但不能解决自行车辆和主拐弯车辆相撞的矛盾。

2. 把"科学放在科学家前面"。科学家作为一个职业之所以存在，因为科学存在。科学是自然的客观规律，无论是否研究，自然规律都在那里。我们跟科学家之间有一个共同目标，就是更好地促进科学向前进步，这也是所有作者、审稿人、出版商的共同目标。大家还有一个共同的"追求卓越"的理念，优秀的科学家做科学研究是为追求卓越，优秀科技期刊出版也是为追求卓越。有了共同的目标和理念，就要营造和谐和平的环境，科学面前人人平等的氛围。

三、作为科学编辑要把自己置于何处

第一，要把自己放在期刊的前面。科学编辑不能整天待在办公室里面等稿，须要"走出去"，要思考你和杂志怎么才能更好地帮助科学家，更好地帮助科学向前进步。为什么要想着这个事情呢？因为帮助科学家就是在帮助你的杂志。

第二，要把自己放到期刊的后面。期刊成功的荣光属于杂志不属于你个人，编辑对自己要有非常清醒的、切身的体会和认识，应该要有非常强的职业自豪感和荣誉感,当把科学编辑这件事做好的时候,就是在以独特的方式为科学发展做贡献。要充满职业自豪感,且有一颗敬畏之心。

我用"四个一"来总结我们杂志的愿景和理念:一种情怀,来自中国服务全世界;一种理念,"科学家优先、科学优先"的理念;一种精神,追求卓越的精神;一种态度,敬业实事求是的态度。通过"四个一",我们希望营造一种格局:Better Journals Better Research,Better Research Better Science,Better Science,Better Life。科学让生活更美好。

四、展望

从服务国家战略需求角度,我们希望在不久将来,我国可以有更多的杂志达到世界顶级杂志学术水平。

专家交流

陈赛娟　中国工程院院士,上海交通大学医学院教授,《医学前沿(英文)》主编

戴尅戎　中国工程院院士,上海交通大学医学院附属第九人民医院名誉院长、终身教授,《医用生物力学(英文)》主编

韩　斌　中国科学院院士,中国科学院分子科学卓越创新中心主任,《分子植物》主编

李劲松　中国科学院院士,中国科学院分子细胞科学卓越创新中心研究员,《亚洲男性学杂志(英文)》主编

刘昌胜　中国科学院院士,上海大学校长、教授,《生物材料转化电子杂志(英文)》主编

朱合华　中国工程院院士,同济大学教授,土木工程防灾减灾全国重点实验室主任,《地下空间(英文)》主编

朱美芳　中国科学院院士,东华大学材料科学与工程学院院长、教授,《先进纤维材料(英文)》主编

胡金波　中国科学院上海分院院长,《四面体(英文)》副主编

李党生　中国科学院分子细胞科学卓越创新中心研究员,中国科协常委,《细胞研究(英文)》主编

张立新　华东理工大学生物反应器工程国家重点实验室主任,《合成和系统生物技术(英文)》主编

刘昌胜：各位院士、专家,非常荣幸有机会参加今天的会议。

回望科学的发展史和期刊的发展史,文艺复兴以前没有期刊,文艺复兴以后出版了世界上第一本期刊,此后各种期刊陆续出版,对促进科学快速发展,起到重要的作用。第一本期刊是 1665 年法国的《学者杂志》,同年下个月英国皇家学会出版会刊《哲学汇刊》(后改名为《皇家学会哲学汇刊》)。随着科学迅速发展,英国第一本期刊《皇家学会哲学汇刊》的首任主编亨利·奥尔登堡总结期刊的作用为提供交流平台,促进专家相互交流知识,推动自然知识的发展。期刊具有传播知识的功能,是国际交流平台,能促进科技的发展。期刊构建形成网络后,所有领域的专家都会在这个网络里交流碰撞再发展,将个体创新发展为网络创新,如同互联网的发展把全世界联系起来实现加速发展一样的,期刊重要性越来越重要。

面向未来,期刊的使命就是构建话语权。原来我们讲科学没有国界,现在不是那么回事了,美国在全球对很多方面的控制,包括科技控制,说明科技是有国界的。接下来我们的发展、期刊承担的职能既涉及话语权问题,也要构建自己的知识体系。将来这方面的发展将是国家战略的重要组成部分,因此要大力发展期刊,发展中国自己的期刊。

当下应该怎么做? 我从上海大学角度和大家做简要汇报。上海大学2013 年开始创办期刊,共有 6 本,发展至 2023 年,有 17 本学术期刊,其中进入 Q1 区的有 3 本,还有百强和高起点期刊,体现了我们学校发展期刊的总体水平,从原来的注重量到量和质的同步推进,实现了从"小、散、弱"困境中走出来,实现了高质量发展。

学校期刊发展实现了"五化",国际化、专业化、数字化、信息化和集群化,推动了期刊协作发展。一项重要的工作就是邀请顶尖科学家和知名学者组成主编团队,其中院士比例达到 41%,有 600 多位海内外著名专家作为编委和智库。1980 年钱伟长校长创建的英文期刊,现在一直还在发展,这份期刊曾获第五届中国出版政府奖期刊奖提名奖,是在力学和应用数学领域影响非常大的期刊。

期刊同时也承担着文化使命,上海大学从 1981 年开始创办社会学的中文和英文期刊。上海大学的社会学属于 A 类学科,是在国内有一定影响力的学科。费孝通先生建立了上海大学上海发展研究中心，上海大学是上海第一个恢复社会学系的单位。学校社会学期刊稳居社会学 Q1 区和国内社会学期刊第一位。

学校注重加强期刊交流合作。2012 年开始，上海大学连续举办了 12 届上海期刊论坛；2020 年开始，上海大学连续三年承办中国期刊高质量发展峰会；2022 年成立了中国期刊协会高校期刊集群化建设分会，秘书处设在上海大学。

近年来，上海大学着力开展"五朵金花"（微电子、人工智能、生物医药、新能源、量子科技）创新高地建设，重点打造"五大阵地"（城市社会治理、考古与文保、新海派文化、艺术技术、数字经济与管理），我们也是围绕此目标来办刊的。2018 年创刊的《电化学能源评论》，其影响因子在 2021 年已达到 28，据统计它是国内所有期刊里影响因子最高的。我们把生物材料期刊转过来办，承办了《生物材料转化电子杂志（英文）》(Biomaterials Translational)。微电子领域的期刊刚刚开始办，但已入选了中国科协卓越行动计划高起点期刊项目。我们期刊社先后荣获了五项中国出版政府奖，以及"全国五一巾帼标兵岗"荣誉称号等。

对于后续做好期刊工作有四点建议：

1. 体现以人为本，质量为魂。期刊团队本身也是人才团队。

2. 坚持集约化、集团化地解决分散的问题。希望和其他单位协同。

3. 强调国际化。期刊是国际化交流的平台，在复杂的国际形势下，通过期刊媒介促进国际化，服务国家全球战略，是我们的使命。

4. 服务学科发展。学科发展和期刊发展是联动的，要吸引优秀学者进入到期刊领域，通过期刊推动指引学科发展，这也是期刊发展的重要目的。

谢谢大家。

陈赛娟：谢谢刘院士非常好地介绍了上海大学系列期刊。接下来有请朱院士。

朱合华：我代表我们期刊，把我们的办刊情况给大家快速做个汇报。

在座的对土木工程可能知道，但对地下空间不一定了解。什么是地下空间？以地面作为界面，地面以上叫地上空间，地面以下叫地下空间。上天容易入地难，地上是白箱，地下是黑箱，到地下是很难的事。城市环境、资源紧缺对城市发展来说是非常严重的问题，地下空间可以起到改善资源环境的作用，对绿色城市发展，特别是中国式现代化具有重要意义。

我们刊物的名字叫《Underground Space（地下空间）》，这个领域当时在国际上只有一本比较古老的期刊，我们希望建设一本新的关于地下空间的国际一流期刊，促进土木、地球科学、信息工程技术、社会科学等领域的交叉融合发展。期刊建设以编委会和编辑部履职能力建设为抓手，构建全球地下空间学术生态圈，打造高水平国际化科技期刊交流平台，推动期刊的生态化高质量发展。

我认为影响因子还是很重要的。怎么来标识它？一定要强调生态很重要。我们在 2016 年创建我国首部地下空间领域科技期刊《Underground Space》，2023 年期刊影响因子为 6.4，在土木工程领域 139 种期刊中排名 13（Q1 区），是土木工程领域前 10% 期刊中唯一的国产期刊。

我们的期刊也获得了一些荣誉，与 KeAi 出版社一起获得了"Great Improvement Award"，还连续入选了国际影响力优秀期刊和最具国际影响力的学术期刊。我们强调期刊集群化发展，成立了期刊中心。土木工程学院共有十几本期刊，其中包括英文期刊 8 本。我们也推动了行业的发展，促进了各种学会的发展，各种学会都在成立分支机构。比如，我们期刊对岩石力学与工程学会的发展壮大起到了很大的推进作用。

我们强调的办刊观点有三点。

1. 有好的基因，学科支撑非常重要，国际一流学科是科技期刊高起点的建设原动力。同济大学的土木工程在全世界排第一，很重要的一点是论文这部分的分数是 100 分，而且一直都是 100 分，很难撼动。2000 年初，我们就写了几十篇文章，现在是几千篇高质量文章，基本是 Q1、Q2 区的文章。

2. 方向要明确方向，确立"四个面向"之"韧性、智能、绿色、人文"为期刊可持续发展方向，体现期刊的鲜明特色很重要。

3. 要坚持不懈地努力，主编、编辑部、编委会齐心协力，最大限度汇聚全球学术共同体的力量。

总结来说，就是"好基因、准方向、恒努力"。

几点建议：

一是重视人才的建设，包括四个能力建设：执行能力、鉴赏能力、沟通能力、运营能力。高校国际化科技期刊运营人才建设的重要性尚未得到充分体现，包括人才编制问题、职称晋升问题，职业发展通道难题，需要制定人才培养激励机制。

二是组建期刊联盟，打造自主期刊出版发行平台。我们的期刊发行平台都是国外的，现在叫"借船出海"，但难以形成规模化效应。我们应该组建期刊联盟，引入市场化机制，打造自主期刊出版发行平台。这样的平台非常有价值。

三是构建自主全球期刊数据库。现在的数据库都在国外，所以要研制相应知识产品，要开展各种各样的分析。我们国家在自主国际化期刊数据库方面是缺乏的，而且知识服务能力匮乏，需要构建自主全球期刊数据库，研制知识产品，服务于科技强国的建设。

世界一流期刊是科技强国的标志，也是科技自立自强的迫切需求。很多相关的文件，包括习总书记的文章都谈及，要培育世界一流期刊。国产国际化（英文）科技期刊的春天已经到来。近3年，我国岩土工程和交叉学科领域已经创办了9本英文期刊。

"奇点"将至，共赴山海，让我们共同面向未来，谢谢各位。

陈赛娟：谢谢朱院士给我们分享了同济大学的办刊经验，特别是讲到要建立自主出版期刊的平台，这是我们国家目前的短板，另外要建立自己的数据库、知识产权这一点，也提得非常好。下面有请戴院士。

戴尅戎：谈几点看法供大家参考。

现在办的一些刊物，为了走向国际化，单独用中文编写的越来越少，大部分都同时有英文版或只有英文版，这对于走向国际是非常好的开端。现在看起来很多杂志已经度过了这个阶段，走向成熟发展的阶段。

　　不管怎么讲,从办国际刊物或者说是办英文版国际刊物的角度看,我们国家和其他先进国家相比,是"新生"不是"老生"。我们很早就办了一本有关生物力学的杂志,杂志建设一直延续到现在,很受欢迎,最近这本杂志也开始办英文版杂志了。在这个过程中,我谈几点体会,向各位汇报请教。

　　办刊人员中,编辑部及其背后的力量,包括委员、成员、背景、所做的工作等,都是非常重要的。有人把顶尖期刊称作 CNS(Cell、Nature、Science 的简称)。我们与他们存在差距吗? 是有差距的。CNS 类别的杂志应该是属于顶级的,目前还站在顶端的,可以作为我们追赶和超越的对象。我们可以先看他们是怎么做的,然后进行参考。

　　第一,这类 CNS 杂志的编辑部具有较强的学术能力。它们的编辑部成员基本是博士。杂志的编辑不仅要会文字修改,还要有很强的学术能力。编辑部很重要的任务或者是主要任务之一,是要把编辑部的整体水平提高。编辑部的能力对于能否进一步办好杂志是非常关键的。

　　最近,我们接触了爱斯维尔的杂志,从中学习到了很多。他们建立编辑部时,十分重视编辑部成员的学术能力。要办好刊物,编辑的队伍首先要自我更新,要"换血",使得编辑队伍有很强的学术能力。只有学术能力提升了,才能提升杂志编辑部的力量,杂志编辑部的力量提高了,杂志的水平也就跟着提高了。所以,编辑部的能力建设非常重要。

　　第二,一本杂志要办好,一定要积极参与一些相关的、重要的学术会议。杂志可以是相关学术会议的参加者,最好是相关会议的组织者。我们可以在这些会议中,吸取很多学术上的知识,还可以抓住要点、了解动向,提前一步把已经出现的一些新苗头及时报道出来,领先一步指出方向。从这点上看,杂志编辑部成员不仅要文章写得好、文字能力强、英文程度好,他们本身就要是科学家、研究者。因此,杂志编委的组成、编辑部成员的水平以及他们的知识更新,一定程度上决定了杂志的成败。

　　办好一本杂志,一定要重视学术活动、会议。杂志可以是学术会议的参与者、举办者,或者是举办支持者。参与这些先进的、有领头作用的学术会议,在这些会议上结识"未来作家",对于办好一本杂志有促进作用。杂志编辑不能坐在房间里等着稿子来,而是要有意识参与各种学术活动,为这本杂志获取优质稿件。参加学术活动可以启发编辑人员更加主动地工作,当发现会议上有好的报告,立刻要抓紧机会组稿,形成某一本杂志核心问题的讨论等。杂志编辑的工作不只是改文章、改标点,更重要的是组织稿件,有意识地约写稿件。把一些有引导性的理念变成文章登载在杂志上,杂志的影响力就会提高。

一本好的杂志,应该参与、主办一批先进性的国际学术会议,在这些学术会议上要出现杂志的影子,杂志编辑部的负责人、成员要出现在会议的组织会、报告会和讨论会上。他们不仅仅是杂志的组织者,也是相关领域学术活动的组织者。

我就提这几点供大家参考。上海交大所属的一些单位出了很多本杂志,近期也将新出版几本英文杂志,现在已经开始出第一期了,希望跟上大家的步伐,向大家学习,谢谢。

陈赛娟:非常感谢戴院士给我们分享了办刊经验,特别强调了要重视学术活动、重视举办学术活动。特别让我们感动的是,戴院士年事已经很高了,但他还是非常关心支持上海期刊的建设和发展,再次感谢! 接下来是院士专家自由发言。

李劲松:感谢科协邀请,我今天是以中科院药物所《亚洲男性学杂志》主编身份来的,这是在这个领域里面享有国际声誉的英文期刊,它拥有一个非常好的编辑团队,这么多年运营都非常顺利,我作为主编参与度非常有限,更多是一种荣誉性质。国内期刊多点迸发,显示了非常强的实力,今天坐下来讨论,毫无疑问,我们还是希望做大做强做得更好。刚才各位老师的分享我有一个体会,所有办得好的期刊都有非常好的编辑团队,戴老师、朱老师都提到了团队重要性。党生也是一位非常专业的科学家编辑,我跟党生差不多同时回到国内,见证这个期刊逐渐壮大。

我提两个建议:

第一,发展高水平的期刊编辑团队。现在也有这样的团队存在,但都是零星的,国内尚没有营造发展高水平编辑团队的氛围,肯定要在政策层面考虑这个事情,即怎么让编辑在中国、在上海的期刊发展过程中能有一席之地,有上升的空间。例如 CR 的编辑团队,党生来了之后培养了一批优秀编辑,目前有两个编辑——一个在《Science》,一个在《Nature》——都是他培养的,如果这两个人留在 CR,CR 可能会发展得更好,为什么没有把他们留住或者给他们提供更好的上升空间? 专业编辑团队培养很不容易,这些人本身读了那么多年书,做了很长时间科研工作,觉得更适合做编辑才转到这个行业来。从从来没有做过编辑到成为一个很好的编辑,需要很多年的培养,这种人离开我们的团队,是我们的损失。我们如何培养他们,留住他们,让他们有进一步发展,这是从政策层面需要考虑的事情。

第二,裴老师一开始就提到,要建设高水平期刊出版社。我很熟悉 CR,回国以后第一篇文章就发表在 CR,后面也陆续在上面发表了很多文章。我们一直努力想成立一个 CR 出版社,但是困难非常大,因为出版社的成立是做大做强很重要的抓手。有了出版社才能做大,现在的期刊主要还是专注在发表高水平科学论文上,这当然是首要的最重要的事情。除此之外,一些科学展望、宣传政策、新书出版介绍等,都可以通过高水平期刊进行发布,特别是国家科技方面的政策,也可以通过具有国际影响力的学术期刊来在国际上宣传。而是一个学术期刊十个人左右的编辑部是做不来这些事情的,需要非常大的团队,很多的人来做方方面面的工作。所有的信息、数据的收集,也可以通过出版社得到更好地发展。现在我们的数据都被人家掌控,万一被截断,科学再往前做就会受到很大的阻力。基于现在已有的多点的好的形势,可不可以在上海加大投入,形成几个有影响力的科技出版社呢? 这是科学期刊高质量发展的重要抓手。谢谢大家。

陈赛娟:谢谢李劲松院士对期刊人才培养以及把出版社做大做强高质量发展的分享。

张立新:我是华东理工大学生物反应器工程国家重点实验室主任张立新,我用三个词来表达我的感受。

第一,感谢,感谢陈赛娟主席的盛情邀请。

第二，感恩，刚才顶尖期刊顶尖主编和各位院士专家分享顶尖办刊经验和体会，无私分享，回顾了办刊的坎坷历程，这是非常多心血的结晶，使我受到思想洗礼和震撼，受益匪浅。今天的题目是"上海科技期刊高质量发展大会"，早上的第一个分标题可以叫"优秀主编是如何练成的"，这是一个高级研修班，起码对我帮助太大。

第三，如何从感动到行动。生物反应器工程国家重点实验室过去培养出刘昌胜院士这样杰出的人才，我们面向的是生物经济里面的生物制造。生物经济也是独立于农业经济、工业经济、信息经济的新型状态，根据世界经合组织预测，2030 年占世界 GDP 总值达到 35%，现在我们国家的生物经济只占 GDP 10%，未来成长空间非常大，能改变人们的生命和生活方式。

《合成生物学与系统生物学技术》这个期刊自 2016 年创刊以来，每年都在提升影响因子并已进入到世界第一方阵，如何实现超越？今天受了很多启发。要想进步快，全凭车头带，今天这么多院士把带出来顶尖期刊的经验无私分享出来，真是让我们有了努力的方向，也希望下一步我们能迎头赶上，迈上更高的台阶，与上海这么多优秀的期刊形成密切的合作。未来不仅把高精尖文章发表在自己的刊物上，还能适合合成生物学的特点，把一流成果建成实体，写在祖国的大地上，真正把上海这种原创科研理论、科研技术突破的策源地优势充分发挥出来，谢谢大家。

陈赛娟：谢谢张立新教授的体会和分享。

胡金波：我是中科院上海分院胡金波，也是中科院上海有机化学研究所的研究员。

第一，今天来这边是享用了"期刊大餐"，非常系统地学习了我们国家发展非常好的几个期刊的办刊经验。我们系统有 19 家研究所，共有四十多种期刊，有建国以来学科建立的时候传承下来的，也有比较年轻的，都取得了很好的成绩。

第二，我自己也担任了 10 年国际有机化学期刊《四面体》杂志的副主编。今天想跟大家谈两方面体会。先谈谈好的方面。我们的期刊建立于

20世纪50年代,是一个非常老牌的期刊,在国际学术界影响力非常高,越资深的教授对它越认可。《四面体》系列杂志设立的四面体青年科学家奖,是有机化学领域的重要国际奖项,影响力非常高。该奖此前的获奖者包括2021年和2022年诺贝尔化学奖获得者,普林斯顿大学的戴维·麦克米兰(David MacMillan)教授及斯坦福大学的卡罗琳·贝尔托齐(Carolyn R. Bertozzi)教授等国际著名的化学家。

再谈谈不好的方面。期刊的影响因子太低,这个期刊发展了半个世纪,所属学科中有几篇极其重要的文章在这个期刊发表,这些文章的影响因子很高,但是文章总量很少,因此总体影响力还是不够的。我们要总结归纳,过去一年被引用次数超5 000次的文章,这些文章就是榜样文章,希望编辑们朝这样的方向努力。我们要有不凡的眼光,有时候有些文章很冷门,《Science》《Nature》不接收,而我们接收了,但是说不定20多年后获得诺贝尔奖的成就就是从这篇文章开始的。

第三,讲一讲期刊三个层次:编辑部、作者、科学本身。这三者是融在一起的,我个人非常欣赏一句话,"很多成熟期刊编辑,自己也是作者",编辑也常常对作者说一句话,"感谢你选择我们期刊作为你的论坛"。期刊和作者是双向选择的。作为作者要自立自强,客观看待期刊,不能单单依据影响因子高低决定投哪个期刊。中国一个科学家被诺贝尔奖提名了,没有一篇《Science》《Nature》文章,但他的工作让整个国际化学界就觉得这可能是有机化学界最好的成果之一。假如你总说期刊文章影响因子有多高,意味着你真正的科学内涵还讲不出来。如果你讲做了什么很好的工作,讲你的科学多重要,回归本真,反而能赢得学术界的尊重。这是我学到的内容,请大家批评指正,谢谢大家。

陈赛娟:谢谢金波院长,胡院长既是科学院上海分院领导,也是《四面体》期刊的副主编,上海科学院系统期刊走在上海甚至于全国的前列,与上海科学院的领导高度重视是分不开的,再一次表示感谢!

各位院士、专家,刚才各位都交流了很多,非常精彩,使我们学到不少经验,由于时间关系,交流讨论就到此。下面根据会议组织安排,希望请每一位院士、专家用 1～2 分钟的时间,对上海乃至我国科技期刊发展总结一个观点,为今后发展提出不超过 3 条建议。接下来有请院士、专家们最后用一两句话进行总结,从朱院士开始。

朱合华: 1. 我们办好的刊物要有好的基因,强大学科支撑力很重要。

2. 方向要准,方向不能搞歪了。这与办刊特色有关系,像川菜、上海菜,一定要有特色,我们的特色用八个字表达——韧性、智能、绿色、人文,加起来等于智慧地下空间。

3. 做任何事情必须有恒心,不懈努力很重要。这个努力不是哪个人的事情,是刚刚戴院士讲的整个团队的事情,大家要把它当成科研的任务去做。做研究做得好的人来办刊才能办得好,否则办不好。

还有一些包括出版平台的建议:要有联盟,要有自己的数据库系统。今天开这个会议是很好的开端,应该把这个建立起来。

李党生: 科学技术是第一生产力,我们要建设一流的国际科技期刊,构筑我国自主的国际学术话语权阵地,助力科技发展,助力建设创新型科技强国,为人类命运共同体做出中国的贡献。

胡金波: 一句祝愿,祝愿上海能够出现更多符合科学发展规律,符合期刊发展规律,得到全球科学界广泛认可的科学期刊。

张立新: 优秀的科学发现、科技产品和科学家,离不开优秀的期刊平台,我也特别盼望我们自己的杂志《合成生物学与系统生物学技术》能够融入上海高质量刊物的命运共同体,不断发展壮大。

李劲松: 中国科技期刊要做大做强,需要发展高水平期刊编辑团队,需要建设高水平的期刊出版社。

朱美芳: 我总结了 12 个字:"学习互鉴、融合发展,引领未来"。

今天会议就是让我们"学习互鉴"，开得很好，希望以后多组织。"融合发展"，听了各位的发言，既融合又专业，专业的人办专业的事情，金波老师刚才讲的很多观点我非常赞同，大家要融合要有特色，期刊将来要办出水平，不能仅仅看影响因子，更重要的是看有没有质量好的内容。"引领发展"，特别赞同戴院士说的，编辑不能坐着等稿，要主动组稿，自己要有判断力、洞察力，要在人群中找到方向，主动突击，约稿、组稿。

韩斌：1. 对于编辑人员要享受做编辑的快乐。编辑工作是值得享受的，这跟做基础研究和其他应用研究有不一样的地方。现在越来越多年轻人喜欢编辑领域。

2. 追求卓越的成就，杂志要办成功，就要发表好的论文、优秀的论文、有长久生命力的论文。

3. 希望上海为中国从出版大国走向出版强国做一些扎扎实实的工作。我们国家在出版发行国际化方面还有很多路要走，希望通过今天这个大会或者希望类似这样的活动，为大家增强这个意识，指出我们不足的地方。

戴尅戎：想在前面，做在前面，做创新者，谢谢大家。

陈赛娟：谢谢。我也谈一个期待，这次上海科协对科技期刊高度重视，举行了两天大规模的研讨会。今天，我们成立了上海科技期刊联盟，希望对上海市的期刊加强领导、加强培训，为提高各个期刊的办刊水平、为上海产生更多国际一流水平的期刊而不断努力，谢谢大家。

各位院士、各位专家，以及在座的各位来宾朋友们：因为时间的关系，今天院士圆桌会议的各项报告和讨论就到此结束了，下面我总结一下各位院士、专家的主要观点。

第一，今天我们成立了一个科技期刊联盟，这也是一个协调机构，希望它能负责筹划科技期刊的发展、各个专业学科的布局，优先支持资助方向。

第二，培育和发展绿色科技期刊的机构，推动创建科技期刊的投审稿发行推广平台，保障数据安全和基于数据的挖掘与利用。

第三,关于加强科技期刊运营和复合型编辑人才队伍的建设,设立人才计划,重点从国外引进科技期刊运营的高级人才,对于编辑人员理顺职业发展、职称评定、职务晋升等人事管理政策,激励编辑人员的工作热情。

第四,探索科技期刊组织机构创新和新技术利用,推动青年编辑委员会的设立。利用期刊资源,积极组织多层次、多类型学术交流,充分发挥期刊作为基础研究、学科发展、技术研发和应用的桥梁平台作用。

第五,刚才可能没有具体谈到,实际上,国家层面正加大对科技期刊事业专项财政连续和长期的支持。

各位院士、专家刚才都发表了很多重要的意见,围绕走向科技强国的科技期刊,总结科技期刊现状,对于科技强国战略下、国际科技竞争下的科技期刊作用的发挥与不足,提出了独特而深刻的见解,对于新时期科技期刊发展有着积极而极具实践性的指导意义。感谢各位院士、专家大力支持和精彩发言,也感谢各位参会代表的参与聆听,今天的会议就此结束,再次感谢各位院士、专家和在座的来宾朋友,谢谢大家!

行业与企业论坛

质量创新论坛

编者按：2023 年 9 月 21 日，由中国国际工业博览会组委会主办，上海市质量协会承办，日本能力协会联合承办的第二十三届中国国际工业博览会质量创新论坛在沪举行。自 2007 年起，上海市质量协会连续举办中国国际工业博览会质量创新论坛，赢得了良好的声誉和影响。通过论坛的举办，汇聚具有影响力的行业标杆，隐形冠军、专精特新小巨人，专业服务机构的领导人，管理人员和行业专家，共同交流先进的质量管理经验和方法，助力企业通过质量创新提升产业竞争力和社会效益，助力推动制造业高质量的发展。

精益 4.0-VUCA 背景下制造企业
通往卓越现场管理的路径

上海市质量协会质量技术奖评审专家、

沃尔沃建筑设备有限公司质量安全环境部总监

孙成仁

一、精益生产与工业 4.0

20 世纪 80 年代末,精益的理念被提出,并在很多的企业,尤其是制造企业得到深入推广。2011 年,德国提出了工业 4.0 的概念,2015 年我们国家提出了中国制造 2025 发展战略。数字化浪潮下,传统的精益生产与工业 4.0 在制造企业内狭路相逢,是继续坚持已经被证实有效的精益生产方法,还是选择被描绘得极其美丽的工业 4.0,成为摆在制造企业面前的现实问题。

要回答这个问题,不妨先了解一下的精益生产和工业 4.0 之间的关系。我们列了六种关系。第一种,两者是完全独立的;第二种,两者是相互排斥的;第三种,两者完全是一回事;第四种,工业 4.0 包含精益生产;第五种,两者兼容互补;第六种,精益生产包含工业4.0。

目前,主流研究认为,精益生产与工业4.0是兼容互补的关系。究其原因,有以下几个观点。

1. 精益生产系统与工业4.0有着相同的目标和理念:以客户价值为关注焦点;提升营运绩效(Q、D、C),以及制造柔性;降低组织和过程的复杂性,强调全员参与的改进;注重长期收益,而非短期利益。

2. 精益生产管理是实施工业4.0转型的基础。标准化、透明的、可重复的过程对于工业4.0转型是非常重要的基础;客户价值为导向的价值流分析为实施工业4.0提供了潜在用例和决策依据;精益生产降低了过程的复杂性,提升了实施工业4.0技术的成功率。

3. 工业4.0技术进一步释放精益生产管理的潜能。实时的、结构化的数据为精益改进提供可靠的、海量的机会;信息技术以及人工智能降低了传统精益生产对于人员能力的需求;信息技术以及自动化技术进一步挖掘精益生产工具和方法(防错、安灯等)的潜力;端到端的流程信息和数据显著提升了传统精益生产系统在应对市场变化时的弹性,并且为全价值链参与持续改进提供了信息化基础。

很多企业都意识到了精益生产和工业4.0之间的兼容互补关系。一方面,通过先进的工业4.0技术赋能传统精益生产,进一步挖掘经济生产系统在降低成本、提高质量、加快交付、提升柔性等方面的效果;另一方面,其他对数字化、自动化技术的应用,进一步满足企业在变动环境下应对竞争的需求。从概念上来说,融合精益思想、丰田生产方法(TPS)、自动化技术、信息化技术、智能化(AI)技术,实现工厂管理的最大效率、最高质量、最低成本、最快交付、最佳柔性的这种融合性的新的管理方法论称为精益数字化或者是精益4.0。

让我们以具体的实例看一下精益4.0的应用。

数字化绩效管理

过去,很多实体经济企业里都有一个由企业最高领导者管理的房间,也被叫作"作战室"或者"战略室"。业务单元的最高领导和其他相关负责人在这个房间定期召开会议,回顾公司战略的推进情况及业绩水平。融合工业

4.0 技术推广后,企业开始使用物联、大数据分析、Power BI 这些工具,实现了数字化绩效管理,即实时的绩效水平,涌现改进机会,工位级别的信息颗粒度,即可以随时看到实时数据;系统可自动提示什么地方不好、哪些地方可以改进;实现工位级别的绩效跟踪。

数字化价值流程图

经济生产方面,很多企业的价值流分析叫 VSM。传统的价值流分析主要集中在制造单元物料储存量、工序量、每个工序接盘时间的增值及非增值。传统的价值流分析很难做到水平集成,因为缺少供应商的数据,以及售后的数据和生产的数据不兼容。拥有数字化技术后,传统的 VSM 升级成 VSM4.0,具有实时价值分析,水平集成,持续涌现改进机会的特点。

数字化安灯系统

精益生产中,所有的生产线上都会有传统的安灯系统。一旦生产线上出现问题,员工就会按灯的按钮。当安灯技术和 MES、IOT、大数据结合之后,就会呈现出实时、精准数据,自动挖掘和分析改进,整合问题解决全流程,触发问题上升机制等特点。即安灯系统仍在,但安灯系统背后的数据被更有效地使用,员工按灯的同时,数据就被给到相关的业务部门去解决问题,同时通过对数据的积累、分析和挖掘,设备上经常出现的质量问题被发现。另外,如果有重要的问题得不到快速解决,可以通过系统把问题上升到调度,生产部门解决不了的话由工厂来解决,工厂解决不了的问题由总经理来解决。

智能料盒、电子叫料

精益生产在物流方面的应用:针对双料盒系统,加上 IOT 和 RFID 技术,形成智能料盒,就能实现实时库存跟踪和自动发送补料信息。即员工操作集成操作器,发现缺料或即将缺料时,在终端点一下,这个信号可直接传递到物流叉车配合人员,叉车也在终端,获取信息后可迅速补给。

智能防错

精益生产在计算机视觉方面的应用:使用浸胶工装、自动触发识别系统,相机对完成浸胶的螺栓进行拍照,对拍照螺栓与标准图片进行对比分析,判断是否合格。若合格,则正常使用。若不合格,则报警。

虚拟作业指导

过去,生产现场常常张贴了很多作业指导书,如果有不同的机型在生产,就需要员工花大量的时间去学习。现在,通过 MES、智能眼镜及其他人工智能技术,可实现虚拟作业指导,员工不需要去看太多的作业指导书,所有的操作步骤将有全程提示,具有防错,易于更新,降低对员工技能的要求的特点。

智能移动系统

运用室内定位系统、大数据分析技术,智能移动和跟踪系统可实现实时的数据分析,涌现改进机会。

预见性维护

过去的很多维护是基于时间的维护,现在运用大数据分析、数字孪生技术后,通过大数据我们可以有更多预见性维护,这样可以降低成本、减少停机损失。

二、制造业数字化转型战略选择

引用麦肯锡的研究,制造企业如果按照产品多样性和客户类型分,可分成 4 个象限,分别为快速交付、大规模定制、扎根制造、最佳产品。

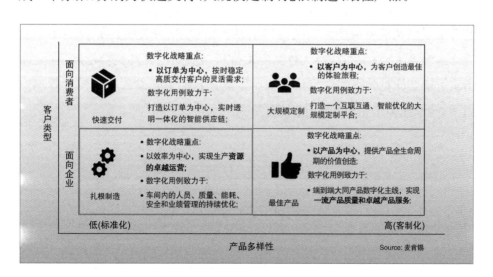

图 1 制造业数字化转型战略选择

什么样的企业适合使用精益 4.0？使用精益 4.0 能够有什么收益？有三条路径。如果单纯只是精益 4.0，最开始实施效果比较好，但实施 10 年之后，就会进入平台期，虽然在改进，但是改进的速度绝对比最开始的那些年慢很多。如果单纯只是工业 4.0——这条被描绘得非常美丽的路线，在看到这条路线美丽的同时，也要看到比较骨感的现状。来自麦肯锡的数据，71% 的相关企业掉入了试点困境，只做了试点，后面就走不下去，26% 的企业虽然经过试点，但还是掉到了基层。仅有 3% 的企业非常幸运，完成了工业 4.0，实现了业绩的提升。所以说，工业 4.0 这条路线很美丽，但困难也是最大的，成功率很难保证。当然，这两条路径中间还有一条路径，就是在做好精益 4.0 的基础上，让精益 4.0 和工业 4.0 一起产生 1+1＞2 的效果。根据波士顿的一个调查，如果能把精益 4.0 和工业 4.0 结合，可以实现 3 至 5 天内 40% 的成本节约。

有一个好消息是，上海市质量协会将于近期发布《高端装备智能制造生产现场管理实施指南》团体标准，明确高端装备智能制造生产现场管理的原则、目标与导向以及管理要求；在航空航天、能源电力、轨道交通、船舶海洋等高端装备智能制造生产现场管理开展试点评价；为"专精特新"中小企业数字化转型提供质量标杆指引。

针对《指南》，聚焦数字化赋能质量管理开展专项质量推进活动，我们将发挥市质协先进质量技术方法推广活动平台优势；开发推出企业高质量发展诊断服务平台；举办质量大数据应用分析与应用场景的比赛活动；在上海市质量协会质量技术奖数字化专项典型案例基础上开发数字化质量管理应用场景，赋能中小企业数字化转型。

智能工厂建设领航制造业高质量发展

上海计算机软件技术开发中心　**蔡立志**

一、智能制造推进情况

智能制造是制造强国的主攻方向。2022 年 10 月，党的二十大报告中明确提出"建设现代化产业体系，坚持把发展经济的着力点放在实体经济上，推进新型工业化，加快建设制造强国、质量强国、航天强国、交通强国、网络强国、数字中国"。2021 年 12 月，工信部公布《"十四五"智能制造发展规划》，《规划》提出"十四五"及未来相当长一段时期，推进智能制造，要立足制造本质，依托制造单元、车间、工厂等载体，推动制造业实现数字化转型、网络化协同、智能化变革。分别从不同的层次、不同纬度，定义了智能化的基本要求。

从国家基本定位看，要努力实现以下几个具体目标：2025 年末建成智能制造示范工厂全国 500 家（通过智能制造能力成熟度 3 级及以上评估的企业总数）；聚焦企业、行业、区域转型升级需要，围绕场景（智能制造成熟度 2 级）、示范工厂（智能制造成熟度 3 级）、智能制造标杆企业（智能制造成熟度 4 级），开展多场景、全链条、多层次应用示范，培育推广智能制造新模式。实现"十四五"智能制造规划主要目标的重要手段是提升公共服务能力。提高公共服务基本能力，包含两个方面。一方面是平台建设，鼓励行业组织、地方政府、产业园区、高校、科研院所、龙头企业等建设智能制造公共服务平台，建立长效评价机制；另一方面是鼓励第三方机构开展智能制造能力成熟度评估，研究发布行业和区域智能制造发展指数。

　　落实"十四五"智能制造发展规划要求，深化智能制造推广应用，工业和信息化部办公厅、国家发展改革委办公厅、财政部办公厅、市场监督管理总局办公厅四部委决定联合开展 2022 年度智能制造试点示范行动。2022 年工信部遴选出 99 家示范工厂、389 个优秀场景（四部委联合）。上海市共有 3 家示范工厂、12 家企业的 29 个场景上榜。目前，在工业和信息化部装备工业一司指导下，智能制造系统解决方案供应商联盟共遴选出国家级智能制造标杆企业 48 家，其中上海 3 家：上海汽车集团股份有限公司乘用车公司、上海华谊新材料有限公司、安波福中央电气（上海）有限公司。目前，国家级智能制造示范工厂共 209 家，其中上海 8 家（上海航天设备总厂有限公司、上海延锋金桥汽车饰件系统有限公司、上海新时达机器人有限公司、中国航发商用航空发动机有限责任公司、光明乳业股份有限公司、宝武碳业科技股份有限公司、上海新动力汽车科技股份有限公司、上海航天精密机械研究所）。为落实工信部《智能制造"十四五"发展规划》《关于组织开展智能制造评估评价工作的通知》中的重点方向和任务，上海市经信委组织制造业企业开展智能制造成熟度评价工作。颁布了《上海市制造业数字化转型实施方案》，提出主要目标："到 2025 年，全市规模以上制造业企业数字化诊断全覆盖，数字化转型比例不低于 8%；五大新城规模以上制造业企业完成智能工厂 L2 级改造提升。"后续又颁布了《上海市经济信息化委员会关于组织开展智能制造成熟度评估评价工作的通知》等文件。上海市印发的《推进上海智能工厂建设领航产业高质量发展行动计划（2022—2025）》，指出"到 2025 年，实现规上工业企业智能制造评估诊断全覆盖，打造 20 家标杆性智能工厂，建设 200 家示范性智能工厂，推广 1 000 个智能制造优秀场景，培育 2 家收入超过 100 亿元、10 家收入超过 10 亿元规模的智能制造系统集成商，加大工业元宇宙、数字孪生、人工智能、5G 等新技术赋能,构建'工厂大脑'"。

二、企业智能制造转型之路

企业为什么要建设智能工程?有来自外部和内部的压力。从外部环境看,一是政策引导制造业转型升级,国际环境不容乐观,中美贸易摩擦,关税,技术、设备、零件封锁,三链重构。二是人工成本增加,产业链迁移,融资成本增加,物价上涨。三是从社会环境看,新生代对整体用工环境提出了更高的要求,招工困难,能源安全卫生要求变高。四是各种新的技术,大数据、AI、云平台、虚拟现实、5G 等广泛的应用,机遇挑战并存。

从内部评估看,有大量内在驱动的需求。一是质量需求,要不断改进质量。二是市场竞争需求,要不断降低销售价格。三是交付需求,要快速交货,并且是少量多品种的。四是精准服务与快速响应需求,定制品需求增加,提供快速响应、精准服务的要求。

来自内部和外部的共同的压力,迫使企业要进行自我改革、数字化改造,要如何来做?大致分为三个层面。一是技术上的改革创新。利用新技术拉开与竞争者的差距。创新内容包含运用 5G 工厂、WIFI6 技术、AR、VR、区块链、AI 等新技术,提升智能制造能力、提升产品的竞争力等。二是组织管理上的创新,优化组织、人才制度等。创新内容包含组织制度优化、深耕精益运营文化、推动数字化转型、建设智能制造能力、自组织敏捷团队、学习型赋能组织等。三是业务能力上的创新,促使持续获利、市场占有率、行业影响力不断提升。创新内容包含基于场景的智能装置、基于制造的智能服务、基于制造领域能力的跨领域赋能等。

企业数字化转型面临着一系列挑战。提升企业生产力与盈利能力,建立以数据驱动、以客户为中心的组织,通过连接产品资产与人带动新的商业模式,成为企业数字化转型的三大驱动因素。同时,企业数字化转型也面临着三大挑战,分别是缺少数字化技能与人才资源、难以实现跨部门/跨团队系统和企业文化转型需要。

智能制造是不断发展完善的过程。企业转型需要标准化评价体系的指导。要如何来进行转型?第一步,评估现状。知道自身处于什么样的水平。

第二步,了解差距。了解企业自身和国家标准规定的差距。第三步,明确目标。根据现状及差距,制定转型目标。第四步,制定规划。根据制定的目标形成改进的计划。第五步,分步实施。根据规划实施转型。第六步,效果评估。实施完成后,进行效果评估,再进行新迭代的循环。

我国现在的智能制造程度模型依据的标准,分别是 GB/T 39116—2020、GB/T 39117—2020。这两个标准把智能制造能力成熟度模型等级分为 5 个等级。分别为一级(规划级),流程化管理,企业开始对实施智能制造的基础和条件进行规划,能够对核心业务(设计、生产、物流、销售、服务)进行流程化管理。二级(规范级),数字化改造,企业采用自动化技术、信息技术手段对核心装备和业务等进行改造和规范,实现单一业务的数据共享。三级(集成级),网络化集成,企业对装备、系统等开展集成,实现跨业务间的数据共享。四级(优化级),智能化生产,企业对人员、资源、制造等进行数据挖掘,形成知识、模型等,实现对核心业务的精准预测和优化。五级(引领级),产业链创新,企业基于模型持续驱动业务优化和创新,实现产业链协同并衍生新的制造模式和商业模式。

智能制造能力成熟度是一套描述智能制造能力提升阶梯及要素的方法论。

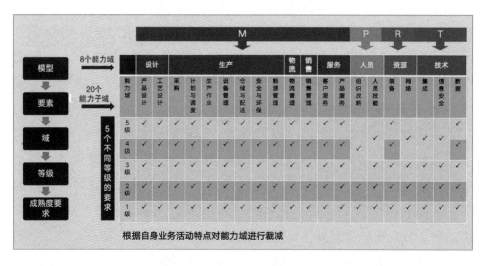

图 2　智能制造能力成熟度模型矩阵

对企业制造能力成熟度进行评估对企业有什么价值？简单来说，有以下几个方面。一是智能化人才培养。了解从业者到底需要哪些智能制造或是数字化转型的基本技能。二是智造能力诊断。知道自己和行业平均水平之间的差距，是高于还是低于行业平均水平。三是行业标杆遴选。通过评估知道是否需要改造、哪里需要改造。四是智能制造路径规划。

智能工厂诊断流程由五大阶段组成，根据各阶段任务要求，采取工厂勘察、材料征集、业务访谈、专家会议等形式开展。最终形成诊断报告，指明企业在智能制造过程中存在的不足，提供相应整改方案。

智能制造能力成熟度评估分为四个阶段：提交评估申请、预评估、正式评估、发布评估结果。预评估可视为实施正式评估前的准备工作，主要目的是了解企业基本情况，确认受评估方所从事的活动符合相关法律法规规定，实施了智能制造相关活动，即进行初步识别。正式评估则是根据企业申请范围，逐条验证企业满足标准要求的证据，评估组对每项证据的符合程度进行打分。

当然，评估是手段而不是目的，最主要是要落脚于提供一套完整的智能工厂能力整体提升方案。

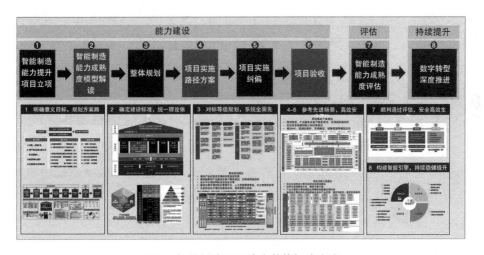

图3 提供智能工厂能力整体解决方案

三、典型案例

上海计算机软件技术开发中心牵头、参与制定了包括 GB/T39116—

2020《智能制造能力成熟度模型》、GB/T3917—2020《智能制造能力成熟度评估方法》等11项国家标准。上海计算机软件技术开发中心工业智能评估团队由国家智能制造能力成熟度授权主任评估师、培训师和制造业领域专家等80人专业团队组成,是技术实力雄厚、实施经验丰富、全产业链服务的智能制造诊断评估团队。

1. 整车行业案例——上海汽车集团乘用车公司(CMMM4级评估)

对标智能制造成熟度4级要求,软件中心围绕上汽乘用车公司在人员、技术、生产、资源四大领域提供智能制造改善全流程的绩效分析服务,荣获"2021年度国家智能制造标杆企业"称号,首批上海市智能工厂。通过智能制造实现的效果是,产品不良率降低7.5%,研发周期缩短38.4%,生产效率提升22%,焊接自动化达成100%。

2. 化工行业案例——上海华谊新材料(CMMM4级评估)

上海华谊新材料是首批上海市智能工厂、"2021年度国家智能制造标杆企业",2023年获评"灯塔工厂",它对标智能制造成熟度4级要求,软件中心技术赋能实现整个生产过程中计划、人员、物料、设备、质量等多维度实时监控,通过丰富的图表展现车间生产各个方面的性能值及趋势,为车间管理决策提供依据。通过智能制造,它实现了生产仪表自动采集率达成99%,数据连通率达成95%,主要原材料降低20%,全员人均产量提升31%,生产OEE损失降低65%,产品不合格率达成0%。

3. 新材料行业——宝武碳业科技股份有限公司(CMMM3级评估)

宝武碳业科技"一总部多基地"智能工厂建设,荣获"2022年度国家智能制造示范工厂"、上海市智能工厂称号。智能工厂建设后,实现关键设备数控化率100%,关键设备联网率100%,生产效率提升39.94%,运营成本下降10.02%,质量损失率降低25%,设备综合OEE提升17.72%。

4. 汽车零配件行业——浙江友成机工(CMMM3级评估)

浙江友成机工属塑料零件及其他塑料制品制造行业,通过智能制造弱项改善,软件方面,搭建统一数据中台,打通内部信息孤岛,实现数字赋能管理;硬件方面,实现自动化减员增效,工序自动化。实现了有效库存总量下降21%,一线人员缩减67%,订单同比新增35%,换产效率提升5倍。

5. 流程型行业案例——安徽海螺（CMMM4 级评估）

安徽海螺属非金属矿物制品业，2019 年获评国家智能制造标杆企业。通过建立数字化系统，实现生产过程的智能化控制和优化，实现了生产线设备自动化控制率达成 100%、单个工厂减排二氧化碳 2.55 万吨/年，生产效率提升 21%，资源综合利用率提升 5%，能源消耗下降 1.2%。

通过列举以上案例，主要目的是证明评估智能制造不是终极目标，而是手段，是助力我们向更高等级智能制造工厂迈进的手段。

基于工业大数据的智慧质量应用

上海宝信软件股份有限公司大数据事业部总监　蒋　波

在钢铁行业中,基于工业大数据,如何结合用户需求实现智慧质量应用。我从三个方面跟大家介绍,一是建设背景,二是主要功能,即智慧质量应用的主要功能介绍,三是应用情况,即我们的解决方案及其优势特点。

一、建设背景与技术思路

(一) 建设背景

全球经济正从工业经济向数字经济加速转型,国际竞争日趋激烈,重构全球制造业分工格局,以新一代信息技术为核心的新一轮科技革命和产业变革加速兴起,以专业化分工为核心的规模经济发展范式向以多样化创新为核心的范围经济发展范式转变。从国家层面看,数字经济已上升为国家战略,成为拉动我国经济增长的重要引擎以及产业转型升级的重大突破口。到 2025 年,数字经济核心产业增加值占 GDP 比重将达到 10%。从地方层面看,上海对经济数字化转型发展提出了要求,制定了行动方案,经济数字化转型成为上海面向未来打造发展新动能的必由之路。

(二)业务协同化

1. 钢铁产品流程特点

精益化质量管控是全球钢铁行业的普遍追求,尤其是高附加值的钢铁精品。钢铁企业具有全流程的特点,它是多工序连续生产,工序间质量存在遗传性,各种因素影响非线性,多变量耦合,多态性和实变性。

在控制变量上,生产过程复杂多变,冶金机理复杂,高难度钢种工艺窗口窄,制造过程伴随诸多的化学反应、物理反应。控制设备变量多,生产过程的输入输出变量多,过程管控和结果管控难度大。

随着钢铁产业的不断发展,用户对质量服务要求也非常高,不同用户对质量服务的个性化要求高,质量管理难度大,质量异议损失高。

2. 业务痛点

钢铁企业一贯制质量管理遇到发展瓶颈,可以总结到几点:一是数据"散",数据分布在各系统中,收集困难,数据收集耗时耗力;二是数据"粗",高频数据,不同机组抽取间隔差异大,存在数据粒度粗,分析原因时定位难度大;三是数据"断",数据未有效串接,数据准备时间长,效率低,容易出错;四是数据"滞",数据隔天上传,时效性差,用于事后追溯和分析。智慧管理平台的产生就是要激发一贯质量管理效能,提升分析效率及能力,加强知识传承以及创新。

3. 项目建设指导思想

构建以客户需求为导向、以全流程质量贯通为主线、面向全体系质量人员使用的、从用户需求识别到用户使用的质量一贯管理平台,实现从结果向过程、从定性向定量、从点线向全面、从人工向自动、从事后向预防的质量管理,显著提升管理水平和效率,降低质量损失,加速知识积累与创新。

4. 技术路线

基于工业互联网架构、采用工业大数据技术,汇聚、融合、串接质量相关IT&OT数据,提升质量管理的自动化、智能化、体系化。

二、主要功能介绍

工业互联网新一代体系架构强调的是什么？云边端以及形成生态圈。从最下面看,是设备层;然后到基础资源,基于服务器、存储、网络等;然后上升到边缘层,包括在线监测、故障预警、视觉检测、工艺模型等;然后再上升到平台层,工业互联网平台,包含工业微服务、算法库知识库,以及相应的数据中台的服务组件,通过这些来支撑应用;到了应用层,软件的应用还是挺多的,主要是钢铁行业,其他还有有色、化工、医药、机械、轨交、电子、采矿、农业、服务等相关的行业,领域也有研发设计、生产制造、运营管控、仓储物流、运维服务、安全生产、节能减碳、质量管控、供应链管理等。我们基于工业互联网新一代体系架构,在工业互联网平台之上建设智慧质量的系统。

1. 系统架构

智慧质量的应用,其实就是基于整个工业互联网平台,把数据由下层向上收集。最底部有海量工艺和缺陷数据,实现炼钢、热轧和冷轧几万多个工艺过程数据的实时采集,实现表面检测仪、探伤仪等的缺陷数据及缺陷图片的实时采集。比如有的厂会有上万个工艺点的数据收集,我们会把它贯通起来。

数据到了大数据中心,构建工业大数据中心,构建云边数据融合贯通的工业大数据中心,形成质量数据模型,包括单机组数字钢卷,跨工序产品质量模型等。

有了数据中心之后,也就能做应用来,应用其实也是面向用户的,不同工序间的用户,可以面向炼钢、热轧、冷轧不同工序之间的应用。面向工艺工程师的质量在线应用,实现了机组间质量信息的有效传递,生产前预分析、生产中监控预警动态优化、生产后的自动判定等。

2. 系统解决方案

聚焦"事前设计与预测、事中在线监控与优化、事后分析评价与改善",主要可分为以下三阶段。

（1）生产前的预分析

预分析包括客户产品需求可制造性评估、作业计划下发前的质量预分析等。

客户产品需求可制造性评估是根据客户提出的产品质量条件,找到同类牌号、同类规格的历史数据,从多个维度进行相似度计算,并按照相似度进行排序,系统自动给出可制造性评估参考。

作业计划下发前的质量预分析是根据作业计划的牌号、规格等,找到同类牌号、同类规格的历史作业计划生产实绩,给出历史上常见的封锁代码和趋势分析,提前给到现场生产注意事项。

(2) 生产过程中的在线监控、主动预警、自动判定、自动

对收到的物料工艺高频数据进行特征值计算,然后基于工程师设定的各类规则,系统实现在线自动监控、主动预警、自动判定和自动处置等,实现过程中管控、减少处置周期、提高成材率。

(3) 生产后的分析、评价

围绕工艺、性能、表面等进行多维度分析,诊断质量问题发生原因,为工艺改进、质量异议提供有效系统支撑。

三、应用情况

1. 效率提升

一是通过搭平台,立足基础数据,建立全流程质量一贯数据信息透明化、共享化平台,提升技术人员劳动效率。二是通过理清数据,技术人员从数据收集和整理的繁琐工作中解放出来,深入现场和专业知识领域,助力产品质量整体提升。三是通过建立模型,构建质量分析模型,快速对数据进行分析,基于算法规则,制定优化方案和进行预测性分析。四是通过提升质量,检查确认板坯实物质量,分段排查通道线问题,基于缺陷分层分类,快速锁定原因,明确改进方向,开展质量主题攻关。

2. 业务改变

借助系统带来业务变革、质量改善。

一是管理模式的变革。对质量结果进行评估,先期介入,对于过程趋势进行监控,及时预警、及时判定、及时工作。将现场巡检升级为在线巡检,将人工处置升级为系统自动处置。

二是工作方式的转变。(1)从单维度分析到多维度分析。以前的工作方式是单维度分析，一个工厂就搞好自己的生产，但是钢铁的生产流程中的很多质量问题是上一个工序带来的，比如冷轧和热轧、热轧和炼钢之间的相互影响。现在的多维度分析，可以实现不同工序间工艺参数互相作用的分析。(2)从单工序到全流程自动串联。数据对齐，全流程物料树。(3)从人工分析到系统自动分析。系统由很多自动分析，可针对重点指标，如物料评价、生产质量等，形成定制化、可配置化的自动分析报告。

三是作业效率的突破。以前分析质量问题是以小时级/天级为单位进行的，现在借助系统可以分/秒级为单位开展；因为可以查到全流程的数据，所以多人跨部门分析变为了单人全流程分析；以前的数据是通过人工整理的，现在大数据中心可提供"全、细、快、准"的数据。

3. 跨专业协同

工业互联网平台不仅有质量系统，还有设备系统、采购系统、绿色低碳、成本系统、营销系统、用户等，有了这些数据的相互结合，可实现跨专业协同。比如质量问题跟设备、原材料等有关，就可进行联合分析，包括设备精度分析、原材料采购信息分析，也可对比不同供应商对质量问题的影响等。比如成本与质量是强相关，企业在强成本的管控下，如果成本压得非常，质量就会受到影响的，那么是不是可以通过其相互之间指标模型的计算出一个平衡点。

标准化赋能数字化转型国际论坛

编者按：2023 年 9 月 22 日，以"标准化赋能数字化转型"为主题的第 23 届中国国际工业博览会科技论坛在漕河泾开发区会议中心举办。论坛得到国家工信部信息技术发展司和上海市经信委的指导和帮助。论坛开幕式举行数字化转型"标准＋"工作站的成立揭牌仪式，由全国两化融合标准化委员会、国家工业信息安全发展研究中心首席专家李君、上海市标准化协会王金德为项目揭牌，由临港集团龚伟总、上海市市场监督管理局李菁处长、陈向平处长、上海市经信委山栋明副处长见证。此外，还进行了首届"临港杯"质量管理数字化典型案例颁奖。

上海市市场监督管理局标准创新处李菁处长致辞

很高兴受邀参加标准化赋能数字化转型国际论坛，借此机会向论坛成功举办表示热烈祝贺，对关心参与支持上海标准化工作的各界人士表示衷心感谢！

中国国际工业博览会作为工业领域的重要盛会，汇聚了全球工业发展的新理念、新技术、新产品和新成果。值此工博会之际，我们以标准化、数字化为主题召开研讨会正当其时，意义深远。

当前数字化、网络化、智能化正在深刻影响着世界经济格局和人类社会发展。标准作为科技创新和技术应用的桥梁纽带发挥着越来越重要的作用。数字比重的时要性，系统建设的开源性、应用开发的跨界性都需要标准在共性技术、安全规范、开放共享下更大功夫。与此同时标准本身的运行逻辑也在发生变化，从需求层面来讲标准不再局限于传统物理世界，虚拟世界的标准化需求逐步丰富。从供给层面来看，标准已不再局限于技术成果展出后的归纳总结，创新和标准正在同步。从应用层面来看，标准已不再局限于给人阅读，标准数字化正在让机器可读取、可执行。总而言之，数字化转型需要标准的支撑，而标准本身与时俱进也需要数字化的赋能，这些都需要站在新高度创新思维，分享观点，相互启发。

上海积极贯彻国家战略部署，高度重视标准赋能数字化转型。同时也在不断探索标准自身的改革，围绕数字化改革，出台上海城市数字化转型标准化建设实施方案，建立由相关部门组成的城市数字化转型工作组。提出构建覆盖城市数字化转型的标准体系，根据市场需求提供标准技术服务。同时，上海正在打造数字监管实验区，将在标准机器可读，AI技术等方面开展实践探索。

今天，论坛聚集数字化转型产、学、研、用单位，围绕数字化转型的"标准＋"和"＋＋标准"展开讨论，一起为数字时代标准化工作提供智慧和力量。相信论坛的举办一定能更好推动标准化与数字化的深度融合，提高标准科学性、实用性和前瞻性，携手创造全球标准化、数字化更美好的未来。

最后，预祝本次论坛圆满成功。谢谢大家。

中国标准化协会于欣丽理事长致辞

各位领导、各位嘉宾、女士们、先生们，大家下午好！

我代表中国标准化协会向论坛的顺利召开表示诚挚的祝贺。当前，数字化经济发展速度之快，辐射范围之广，影响程度之深前所未有。为世界经济发展增添新动能、注入新活力。习近平总书记提出，发展数字经济是把握新一轮科技革命和产业变革新机遇的战略选择，标准数字化产生和发展既是经济社会发展的客观需要也是标准化自身对数字经济变革的响应，更是国际标准化战略博弈的焦点。因此，标准数字化既关乎标准化自身建设，还深刻影响各行业数字化转型的能力和效应，也决定数字化发展的潜力动力，更决定未来参与国际合作实力，融入国际贸易体系的进程。

最后，预祝本次论坛取得圆满成功，谢谢大家！

上海临港经济发展有限公司龚伟副总裁致辞

首先,我谨代表临港集团向出席本次论坛的各位领导、专家朋友表示热烈欢迎,对大家长期以来给予我们的关心帮助表示最诚挚感谢!

当今世界,新一轮科技革命和产业发展变革深入发展,数字技术深刻改变我们的生产方式、生活方式和社会治理方式,成为引领经济社会发展重要力量。我国高度重视数字化建设工作,今年 2 月,《国家数字建设整体布局规划》指出,建设数字中国是数字时代推进中国式现代化的重要引擎,实现数实融合是构筑国家竞争新优势的有力支撑。

标准是经济活动和社会发展的技术底座,也是国家基础性制度的重要组成部分。标准化建设在推进国家治理体系和治理能力现代化中发挥基础性和引领性作用。《国家标准化发展纲要》在数字化转型、数字经济发展标准方面,明确提出了要加快数字社会、数字政府、营商环境标准化建设;建立数据资源产权、交易流通等标准规范,推动平台经济、共享经济标准化建设,支撑数字经济发展。上海市委、市政府先后出台有关文件,提出要打造城市数字底座标准体系,坚持标准引领战略,建立统一、开放、可操作的数字底座建设标准体系和评价指标体系。

临港集团作为科技创新和产业发展的推动者,区域转型和城市更新建设者,正积极将数字化转型落实到园区开发运营之中,集团已引入"AI 第一股"商汤科技,打造园区"数智底座";旗下漕河泾"元创未来"以元宇宙产业为特色成功入选市级特色产业园区,将打造元宇宙创新首选地集成应用场;数字江海项目响应上海市全面推进城市数字化转型要求的重点工程,着力打造城市数字化转型创新的示范区;参与建设的"信息飞鱼"全球数字经济创新岛,正积极打造全球领先的信息科技创新产业链。

在标准数字化、数字标准化方面,集团旗下上海质科院作为上海市产业数字化标准创新中心,注重标准化在推进数字化高质量发展中的支撑和引领作用。先后参编两化融合管理体系 12 项国家、团体标准中 5 项标准研制,其中 2 项国家标准成为国际标准,1 项正在立项申请国际标准,助力中国数字化转型方法论首次走向世界；去年以来参与包括全国首个数字化转型、工业互联网领域国家标准在内的 7 项两化领域国家标准；紧密结合产业、行业标准需求创新研制 4 项数字领域地方标准，着力推动产业数字化标准创新，架构服务"数字经济"发展新局面。今天的论坛上上海质科院将联合全国两化融合管理标准化技术委员会（TC573）、国家工业信息安全发展研究中心、上海市标准化协会成立全国首家——标准化筑基数字化转型"标准+"工作站。来自中国标准化协会、国家化融合管理标委会、全球架构师协会等组织的领导、专家学者和企业家将围绕"标准化赋能数字化转型"的主题带来精彩演讲和分享，共同探讨标准化赋能数字化转型之路。

未来，临港集团将携手各方加快推动数字化转型重点标准的研制应用，积极参与相关关键国家标准的推广实践，以更加有效的标准供给赋能数字化转型，力争为产业数字化领域标准创新和探索，贡献更多"临港智慧、上海经验、中国方案"，为推动数实深度融合发展提供更坚实的标准支撑。

最后，预祝本次论坛取得圆满成功！

加快推动数字化转型贯标
服务新型工业化发展

国家工业信息安全发展研究中心首席专家　李　君

一、研制背景

我国推动标准化赋能数字化由来已久，工信部从2008年成立至今十余年一直致力于通过信息化和工业化融合加快制造业转型升级和高端化发展。2022年党的二十大报告中提出了新时期工信部的主要战略定位和任务，推进新型工业化促进数字经济和实体经济深度融合。国家近期正在召开的新时期推进新型工业化大会，随后也将会有一系列的国家级举措发布出来。

工信部定位新时期推动新型工业化的过程中也对当前时期新型工业化做了新的内涵解读定义，包括新型工业化的特征是要推动科技自立新型工业化，推动低碳绿色的、自主可控的、数实融合的新型工业化。数字经济和实体经济融合是推进新型工业化必不可少的组成部分，产业数字化转型也是新时期推进新型工业化必然路径和内在本质要求。

2023年8月份召开的国务院第二次全体会议中明确提出加快用新技术新业态改造提升传统产业，全面加快制造业数字化转型步伐。我国在新的国际竞争中具有比较优势的就是有量大面广的制造业门类和不断提升的制造业创新能力。所以，我们要通过数字化让传统产业在新的发展时期和数字经济时代迸发新生机。

2018年6月成立的全国两化融合标委会，自成立之初就带有使命，通过信息技术在制造领域各个环节，包括研发、生产、服务、销售、供应等各环节应用，推动制造业转型升级发展。现在TC573组织研制两百多项跟制造业转型过程当中不同场景相关标准，既有耳熟能详的融合管理标准引导大家构建推动数字化管理机制和体制机制，同时也有数字化供应链、数字化研发仿真、数字化生产设备管控、工业互联网等不同分场景的标准。目前，全国有20多万家企业通过标准提升创新发展能力。经过十多年探索，通过标准来把推进数字化的经验方法快速传播复制，并在万千企业日常运营中落地已成为行之有效的方法路径。上海很多单位共同参与数字化转型的国际标准，包括如何推动数字化构建企业数字能力体系、数字化转型评估评价，相关国际标准也正式发布。

2023年工信部正式推动了新的工作——数字化转型的贯标。数字化转型贯标是定位当前历史时期面向未来发展数字化转型的关键要素、侧重的方法及具体的引导方向，形成面向未来一段时间的数字化转型的成熟度标准。通过对企业数字化转型做法方法路径、水平高低等级的划分，引导企业数字化转型向更高阶段跃进，让政府和行业协会组织能够更加精准根据企业数字化转型的现状和提升方向，让企业在明确所处阶段和优劣情况下提升数字化转型的目标方向。

工信部选择16个试点省市和近10个行业进行数字化转型贯标先行先试，上海是首批国家选择的试点省市，有近百家企业作为首批试点企业开展相关工作。

国家为了推动数字化转型贯标和成熟度评价工作健全了这项工作推进的组织体系，成立了由信息技术发展司领导担任主任委员的数字化转型指导委员会,同时在社团组织电子联合会成立了数字化转型的贯标工作委员会,由国家公信安全中心担任数字化转型成熟度贯标推进工作组组长单位。工作组织体系中除了企业作为主体进行贯标外,还有作为教练员贯标的咨询服务机构和作为裁判员的贯标评估机构。

在推动数字化转型成熟度贯标主要依据数字化转型成熟度模型标准,以团体化标准呈现。同时,数字化转型成熟度模型也推进国家标准的转化工作,目前国家标准已进入送审报批阶段。

二、具体构成

1. 数字化转型成熟度标准主要内容

成熟度是指企业推进数字化转型及与之相关的各个方面的水平能力的高低。"标准"对成熟度等级进行规定,也对数字化转型相关的评价域划分了领域。"标准"也比较注重与过去推动的"两化融合"管理体系保持标准延续性和一致性,包括企业推进数字化转型要注重企业能力的建设,要注重服务于企业的战略目标,要实现技术、数据以及组织和业务流程协同。同时,又有创新。我们认为过去推动的"两化融合"是数字化转型的基础和前提,更注重长效机制建立,打通企业里的信息孤岛,以及进行流程信息化工作。而现在推动数字化转型,进入了数字技术运用的深水区,更强调基于前期数字基础建设,实现企业数字模型及业务模型,基于模型的知识模型化及基于知识模块化后创新能力的提升。

2. 企业判断数字化转型水平高低的评价域

首先,是数字化转型战略定位。企业如何定位数字化转型的工作目标,如何服务企业的战略发展,通过数字化转型支持企业开放动态,且能够与价值链伙伴实现协同发展的战略目标。

其次,是企业数字化转型转什么。由较低水平向较高成熟度演进,能不能通过数字化转型引导企业从刚性的可组织的传统固化能力体系向柔性的动态的数字能力体系演进跃升。

再次,企业推进数字化转型有没有系统解决方案做支撑,能够让企业实现数据驱动,涵盖技术流程组织同步创新的解决方案,不断在企业发挥更重要作用,而不是单纯技术导向或流程导向。

然后,是企业本身的治理体系。要推动制造业数字化转型,需要企业内部的治理体系相辅相成,需要领导层以及不同业务部门的配合。

最后,企业中最直接影响经营的,包括业务体系等,是否通过数字化转型形成企业快速响应社会动态需求变化的开放式业务生态。

标准制定企业成熟度模型由低到高等级准则和基准就是由传统的方式逐步向开放的、柔性的、精准的方式转变。在这样的基准下,可把企业数字化成熟度等级划分成规范级、场景级、领域级、平台级和生态级。

3. 数字化转型结果的判断

可从两个维度判断理解数字化转型结果。

一是数字化转型的广度。主要分成四个层次,第一,跨部门,通过数字技术应用帮助企业实现跨部门和跨业务的配合协同。第二,主场景,数字技术引入后能够在端到端的场景中实现全链条赋能。第三,全企业,数字技术引入后能够实现企业一体化,企业在数字空间也是有机整体。第四,生态群,通过数字技术应用企业与上下游协作配套,在生态圈实现协同。

二是数字化转型的深度。主要分为四个层次。第一,信息系统集成。打通原来孤立或服务单一业务环节的信息系统,实现信息系统间业务活动交互。第二,数字化集成。系统打通基础上数据的一致性,及数据流在信息系统集成基础上的集成应用。第三,知识协同。把数据凝练成数字模型、业务模型、工艺模型,并进行标准化模块化可复用,通过拖拉拽式支撑企业产品研发工艺创新业绩业务活动创新。第四,智能自主。是基于模型应用的工业活动的自适应、自优化和自决策的职能,所谓"自主"这个词是智能的高级阶段,无人化后业务活动基于模型可实现自主运转。

原先提到数字化转型深度时,会更多涉及数据采集、数据统计分析。而现在或是面向未来,推动数字化转型更多强调的是数据资源的开发利用、模型开发利用及智能自主的业务活动。无论从广度,还是深度,"数字化转型"这个词各种场景都在用,但在我们这项工作中,数字化转型推进和引导的不单纯是简单的数字技术导入,而是让数字技术应用真正能够赋能企业业务转型和战略转型。

三、推动数字化转型的建议

在地方推动数字化转型的建议。

第一，关于制造业数字化转型政策体系。未来，我们建议进一步聚焦企业生存发展和可持续能力建设，健全推进企业数字化转型的政策体系，使得政策体系更加具有针对性、引导性、延续性。

第二，数字化转型贯标。建议在政府引导和市场主体的双融驱动下提升企业数字化转型的广度和深度。

第三，培育数字化转型的本土优质解决服务商。希望以制造业数字化转型的需求爆发以及方法论引导数字化转型，倒逼国内数字化转型的服务商发展崛起。

第四，大中小企业协同转型。数字化转型推进大企业有良好的基础，以及资源投入，小企业有很多探索的场景。希望在这个过程中，大企业开放平台，小企业广泛结果，形成良好的数字化转型协同生态。

最后，国家推动数字化转型的生态环境能够蓬勃发展。国际性交流、专业性产学研用、面向未来的探讨、前瞻性的谋划布局，良好生态为国家数字化转型不断演进创造更加肥沃的土壤和生态。

关于数据要素市场建构与标准化工作的思考

上海市信息标准化副主任委员、上海市经信委信息推动处副处长　**山栋明**

"标准化赋能数字化转型"中的两个关键词是"标准化"和"数字化转型"。"标准化"是工业经济时代的显著特征,工业时代上升到高维度态势之后形成一大成果就是"标准"。而数字化转型带我们敲开了数字经济时代的大门,实现从工业经济时代到数字经济时代的过渡,如果说工业经济时代到数字经济时代是两个平行空间,或者说是两个维度,那么"标准化"就是跨越两个维度或者空间的桥梁。

当下,我们面临着哪些势不可挡的趋势,它们将给标准制定带来哪些重大的变革。数字经济时代,新的趋势势不可挡。

第一,人工智能生成内容(AIGC)或大模型已经成为拥抱人工智能时代的切入点。人工智能生成内容(AIGC)或者大模型时代意味着什么?

1. 人工智能的 iPhone 即将到来。追逐 iPhone 的历史,乔布斯推出第一代 iPhone 意味着什么?意味着移动互联网的开始。iPhone 出现后,一系列互联网巨头应运而生。在移动互联网出现之前或者说是乔布斯发明智能手机之前,阿里巴巴就是个电商,阿里不是今天的阿里。因为大模型的出现,以前阳春白雪的、看起来遥不可及的人工智能,将会变得触手可及。今天的大模型在经济学上创造的规律,就是把之前极高的编辑成本变成固定成本。人工智能的 iPhone 时刻即将到来。未来的标准生成将会面临由此带来的冲击,标准研制也要面对新的挑战。

2. 大模型出现改变数据创造的逻辑。大模型的出现将改变原始数据的采集模式,出现数据自我生成数据、AIGC 人工智能等新模式。举个最典型例子,当你开车的时候你会发现,高德、百度导航软件能提示你红绿灯数据,告诉你绿灯多少秒之后亮起。你们可能认为这是不起眼的数据,但这个数据并不是市政管理部门给到地图的,这些数据是自我创造的。这种自我创造数据非常精准,会比过去的人力方式采集的数据更精准。过去道路规划是怎么做的? 早上派几个人在市政路口,看左转多少车、右转多少车,今天已经不用再这么做了。这就是数据创造数据的魅力,由此也会带来知识创造知识。我们即将迎来数据可以自我创造数据,知识也可以自我创造知识的时代。由大模型带来的时代变化,会给我们带来足够的想象空间。

第二,Web 3.0 意味着什么? Web 3.0 代表着新的经济业态。新的经济业态需要靠什么支撑? "三个轮子"。第一个"轮子"是"身份",Web 3.0 要解决数字的身份问题;第二个"轮子"是连接,Web 3.0 要解决新型连接问题;第三个"轮子"是价值闭环,这也是最核心的问题。在 Web 3.0 世界里或在 Web 3.0 宇宙里,核心要解决价值实现闭环的问题。从经济学视角看,网络游戏是非常有前途的行业,它解决了身份、连接和价值问题。以前其他领域不能解决的价值实现问题,游戏一路打通关的过程中,花钱购买装备这个行为,解决了价值闭环问题,花钱就是价值实现的过程。目前游戏是最接近Web 3.0 的,但 Web 3.0 远远不止游戏。这样的趋势告诉我们,未来的标准不仅仅面对技术问题,同时还要面对经济属性、法律属性、管理属性问题。客观地讲,过去研制的标准,我们更多关注 IT 技术逻辑。但现在看来,面向新的经济业态、新的模式,尤其是在大模型时代,在推动它从玩具到工具再到模式的转变过程中,标准化的工作一定要综合考虑技术属性、管理属性、法律属性,以及更重要的经济属性。

在新趋势过程中,每个时代都该时代所属的要素负责。工业时代,从石油、化石燃料开始，到现在的电力，未来数字经济时代，数字经济时代典型特征将回答我们是否已经进入数字经济时代，即对数据要素的应用的广度、深度乃至浓度是否已经超越了传统的生态要素在生产过程中的比例和结构。

未来的世界，数字经济和工业经济不是矛盾和冲突的，它们可能是长期共存并行发展的。在即将到来的数字经济时代，未来的要素会发生重大变化。比如，工业经济时代工厂的厂房建在土地之上，未来数字经济成果将长在哪里？数字经济成果将是构建在各种场景之上，因为没有场景就不可能有数字经济的未来。当务之急是做场景规划，建构场景的方法论。

未来如何规划场景也是标准方法论问题，这代表着重大挑战，更重要的是数据成为核心要素。关于数据要素本身，就是"数据 20 条"最核心的四个方面，数据产权、流通交易、收益分配和安全治理。去年"数据 20 条"提出了"三权分置"，数据资源持有权、数据加工使用权和数据产品经营权。但是，数据的权属问题依旧不清。

数据带来新的市场。市场组成需要什么？主体、客体和规则。上海2021 年按照中央要求组建上海数据要求，就是围绕这三点做文章的。未来数据要素市场为新主体出现提供了机会，这个新主体是什么？"数商"。特征是什么？由技术集成向资源运营逻辑的转变。未来，原始数据不交易，个人数据不交易，无产品不交易。当然，也要围绕产权流通、交易收益分配和安全治理形成规则。有了规则整个市场将形成边界，打造它的确定性。当市场边界是清晰界定之后，市场就是可预期的，预期意味着有信心，大家就有兴趣参与，这就叫"新的市场"。

从新趋势到新要素到新市场，对于标准化而言，挑战在哪里？我们应当看到未来会发生重大变化，"Z 世代"出现了。"Z 世代"特点是什么？她经济、颜值消费，很多女生未来将是消费的主力军。未来，我们会不会再为耐用消费？不会，工业经济时代，强调产品质量，称为"老牌子"，但是，未来这个逻辑在数字经济时代是不成立的。所以，企业背后逻辑架构也会发生重大变化。接下来企业经营会发生变化，数字经营一定会成为企业在数字经济时代生成发展壮大的核心基因。

关于新视角总结几句话。

第一，找准坐标做好对标。坐标决定在哪里，不要不切实际。对标就是标准、规范，或者知道在领域谁做得最好。

第二，问题比答案更重要。大模型出现对我们既是幸运又是不幸。我们读了那么多年的书，在大模型面前跟小学生是一样的没什么差别，甚至它平时时间比你更多，获取知识也会更多，无差异。当然我们也很幸运，读了那么多年书，没有白读，因为我们能够提问题。记得有个论坛上的一位专家跟我讲，去年排名第一的文章作者自己没有写一行代码，他所有的都是GPT生成的。但是，他不断提问题，由此成就了一篇排名第一的文章。提问题能力非常重要，这是我们在大模型时代生存下来的核心武器和关键能力。知识图谱也是基于大模型基本逻辑，未来标准创新取决于我们的问题，而不是取决于现在有没有答案。

第三，拥抱不确定性需要思维变革。第一种是群体思维。未来标准不仅要向前连接，也要向后连接，要考虑左边，更要考虑右边；第二种是平行思维。我们还有虚拟的逻辑，过去讲的数字孪生，是从物理到虚拟，现在的新词叫数字原生，从虚拟到物理。以迪士尼为例，证实从虚拟到物理会有大机遇。迪士尼所有逻辑都是先虚拟再物理，构筑起产业的模式，所以，迪士尼不是一家娱乐公司，迪士尼是一家数字化公司；第三种是试验思维。即数字试验、虚拟试验。

下面讲讲负面的，即认知陷阱。一是技术陷阱。数字经济、数字化转型，不仅考虑技术账更要考虑经济账。二是需求陷阱。不要让假需求蒙蔽双眼。真需求对企业而言是什么？提质增效、降本减工。对于老百姓而言，不是在食堂装人脸支付就是数字化转型了。食堂数字化转型应该怎么样？应该是菜更好吃、更安全了，而且菜价更低。真体验真需求，非常重要。三是场景陷阱。如果说场景等于系统等于项目，那是大错特错的。场景应该是什么？应该是模块化可结果的，可分装的。

数字经济大航海时代即将到来，未来，要在数字经济的"大航海时代"找到新大陆，新标准就是新海图。

2023 数字化供应链与工业电商峰会暨工业企业可持续发展论坛

　　编者按： 2023 年 9 月 21 日，2023 数字化供应链与工业电商峰会暨工业企业可持续发展论坛在上海国家会展中心举办。该论坛由中国国际工业博览会组委会主办，东浩兰生承办，百度爱采购协办。大会以"聚力数字赋值，重塑经济韧性"为主题，聚焦工业电商和数字化供应链，以促进产业链供应链双链的协同，共享可持续发展为目标，汇聚相关领域主要头部企业和行业专家，共同分享行业经验，探讨行业发展前景。

数字供应链金融 助力工业企业高质量发展

中国工商银行上海市分行普惠金融
事业部（乡村振兴办公室）高级经理　杨　洁

一、数字供应链金融的本质

我们对数字供应链理解是怎么样的？从供应链金融本质来说，主要有三点内容。

第一，供应链金融是金融与企业、行业最深度融合的金融工具。

第二，供应链金融是基于企业自身的经营模式和商业逻辑的多种金融产品与服务的综合解决方案。

第三，数字供应链中的"数字"是"水到渠成"的。金融行业一直说，目前阶段是金融业发展"数字"供应链的最佳时机。

为什么呢？一方面是国家层面推进。2022年国务院印发了《十四五数字经济发展规划》，指出到2025年数字产业核心产业增加值占GDP比重将达到10%。另一方面是经济、技术的快速发展。这方面大家也有切身的体会，一些企业、行业数字技术快速发展以及它们与金融的深度融合。例如大数据、人工智能、云计算引入金融领域后,非常深刻改造了传统的信贷流程,解决了金融、银行长期困扰的供求双方信息不对称问题,大大提高了操作效率;金融科技深度融合,将数字供应链金融服务工具化以后,金融活水才能真正游到产业链上游、下游的任何一个环节,实现国家监管部门要求的金融精准滴灌;解决公共信用体系不完善的问题。目前,上海成立了大数据中心,在企业授权的前提下,金融机构可以通过和大数据中心的系统对接,实时获取企业的公共信用信息,数字供应链金融能够进行模型准入,对客户进行系统授信,智能封控操作模式使得线上全流程操作成为可能。当然,只有在大环境数字化运用成熟的前提下,金融企业才能通过数字供应链这样的综合金融工具,为所有企业提供精准的赋能。

今后发展的方向将是产业链金融,一端延伸到 A 级供应商最末端,甚至可能细化到某一零部件小微企业;另一端延伸到销售终端消费者,整个链条都是打通的。前几年,很多银行提供的融资是针对核心企业,就是一级供应商,所谓的"毛利"阶段。但现在这种需求越来越少了,因为到了"薄利"阶段,这些企业已经基本不需要靠这样了,而且一级供应商本身自己融资能力就很强。现在及未来,市场上大量的融资需求、金融服务需求,一定是向两端无限延伸。

二、数字供应链的三大场景、六个产品

数字供应链包括垂直链、交易链和数据链"三大场景"。

垂直链是指核心企业作为交易的一方,与其上下游客户就商品、工程项目或服务形成的贸易链。上下游客户包括核心企业产业链中的多级供应商或经销商。该场景下,银行与核心企业、监管企业等外部合作机构通过线上渠道进行数据交互,凭借在线获取的贸易信息,依托核心企业信用,借助应收账款质押、货权质押等手段,为核心企业产业链上下游客户提供在线金融服务。

数据链是指集聚在线上商业交易平台或类似场景的核心企业外围的买、卖方形成的贸易链,或买卖双方分别与平台形成的贸易链。通过数据穿透,保证实现回款可稳定控制、现金流向可清晰预测、交易数据可在线采集。

交易链是指以网上、商品交易平台为场景,买卖方交易商以电子仓单(含标准仓单)为交易标的物,进行信息发布、商品交易、物流交割、货款清算活动的贸易链。该场景下,银行与网上商品交易市场等机构合作,以交易商品现货作为保障,为交易商提供在线申贷、智能提还款服务等短期融资业务。

基于三大场景可总结六个产品,仓单买方融资、仓单卖方融资、供应商融资、经销商融资、中端客户融资等。

三、两个案例

1. 针对装备制造类核心企业上游和下游的供应链融资方案

该企业是从事机械工程、农业机械高新技术装备研发制造的,企业已有比较成熟的供应链管理平台,具备数据传输和集成能力,同时也符合工行金融系统对接要求。所以我们给它提供的供应链解决方案是由这个平台与工商银行进行系统对接,集团里面有采购需求的子公司、分公司在平台上注册即可。

以前通过账期进行付款的,现在可以通过数字信用凭证签发为上级供应商进行支付。这不是实时资金支付,可以把它简单理解成一种数字化凭证,是数字供应链里面使用最广泛的工具之一。任何一级供应商拿到集团下面子公司或者分公司的集团凭证后,如暂不缺资金,可以持有到期后自动支付。如想作为支付工具,则可向上一层支付流转。如需要融资,可在线上通过数字凭证向银行申请融资。因此,这个解决方案方便了企业为上游多级供应商,尤其是中小企业,解决融资难、融资贵的问题。

关于下游,特别是很多设备购买的客户,大多融资解决方式都是融资租赁。因为在销售端,大家都觉得风险很大,所以金融企业不太愿意介入,财务公司支持略多,但是财务公司的自身资金是有限的,服务对象也是受监管规定的。我们在不改变集团原有销售模式的前提下,提出来只要企业能够把真实的贸易信息,即销售设备信息跟银行进行对接和实时传输,银行就可以跟财务公司合作放贷,也可以由财务公司或者银行放贷,这三种模式由企业自行选择。这样一来,对于企业下游的竞销,极大扩大了销售规模,服务面也更广了，同时有利于提升企业的市场竞争力。

我们给一个制造类的核心企业提供了上游和下游两类的供应链融资方案，并且取得了非常好的效果。

2. 工业品采购平台方案

我们的理念是要打造价值增值、开放共享、理念先进的采购服务生态。价值增值，就是要降本增效。开放共享，银行有自己对信息的保护规定，双方一定会签署信息保密协议，希望大家在可接受的、合规的前提下进行信息共享。开放共享是必须的，如果企业任何信息数据都不提供，没有做数字供应的前提条件，就无法正常合作下去。理念先进，合作双方有共同一致的理念。近几年，为一些央企建设集中采购平台服务后，我们也感觉到在进行金融赋能后，首先是集中采购平台发挥了更大作用，其次是发展到一定阶段，这不仅能服务集团内企业，也能向社会开放，能服务更多工业类上下游企业。

我们提供的央企集中采购平台供应链融资方案，就是针对平台上众多的小微企业。只要是小微企业，自身经营满两年，在平台与采购商合作满一年，就给予最高300万额度。这是一年循环使用，融资比例不超过单笔的80%。基于需求更大的企业，只要采购商可以提供报表，与采购商合作一年以上，入驻平台6个月以后，就能够提供单户融资最高3 000万，单笔可以融资金额达到订单金额的100%。如果企业规模更大、需求更多的话，这个平台上的采购商配合、资金回款控制、签署相关协议等，对企业规模是没有限制性要求的。单户融资额度根据历史销售情况和合作情况，给企业申请多少由系统自动测评，单笔融资金额可以覆盖到订单的100%。

在与采购平台系统对接后形成的供应链金融服务模式下，客户的合作准入门槛大大降低。银行可以做到全国服务全流程线上操作，客户可实现秒贷。还贷也非常便利，当采购商支付货款一刹那贷款自动归还了。数字供应链金融服务方案，使得客户的体验非常好，真正地将金融服务覆盖到了广大平台上的一些小微客户。

品牌营销趋势与挑战 领英赋能中企全球化

Linkedin(领英)中国营销解决方案广告营销业务部销售总监 **黄 浩**

过去 20 年,中国企业国际化经历三大发展阶段。第一个阶段,产品出海。2000—2008 年,中国向全球输出了中国制造;第二阶段,资本出海。2009—2016 年,海外并购掀起热潮;第三阶段,能力出海。2017 年至今,从"都出去"向"走进去"转型,很多企业的国际化战略重心向运营转型,力求建立精细化本土经营的能力,越来越多客户关注怎么在本土市场建立品牌形象。

在调研中我们发现了中国企业在出海过程中的三个强项。一是领先的创新技术;二是质量的保证;三是供应链的能力。

在海外营销过程中会遇到什么挑战呢?第一点,也是最大的挑战,就是品牌影响力不足;第二点,是与海外组织和海外团队的磨合。

海外营销部分,中国企业表示遇到的最强的三个挑战。第一,73%的用户表示缺乏品牌在当地的影响力;第二,74%的受访企业表示缺乏本土市场调研,难以打动当地用户心智,该用什么内容、什么产品去打动当地用户是他们遇到最大挑战;第三,73%访企业表示在营销过程中如何更加精准地触达目标人群是他们遇到的最大挑战。

营销目标设置部分,企业更关注的有哪些? 第一,如何获得销售线索;第二,构建新客和渠道的网络;第三,打造自有品牌,提升品牌知名度。

营销方式、渠道选择方面,五年前的调研数据显示,企业选择的前三种方式分别是搜索引擎、展会和线上社媒。而去年年底的调研显示,社媒比重排到了第一,现在通过社媒方式扩大品牌影响力已经成为很多中企出口过程中的首选。

品牌建设部分,当企业提及希望在品牌营销过程中塑造品牌的影响力时,企业会更关注三个维度。第一,传播品牌故事,提升品牌美誉度;第二,围绕产品的解决方案;第三,传播企业价值观。这三者是企业认为塑造品牌力最重要的三个因素。

海外营销指标考核部分,客户更关注的是向流量转化、曝光量以及销售线索的质量。然后通过海外营销的指标周期去看广告的整个营销效果是不是合适,是不是能够达到市场目标。我们发现还是有很多企业是短期查看广告效果的,有30%客户会在3个月内看整个广告成效,46%客户会在6个月内看整个广告效果。总的来说,在1至6个月内看广告成效的占了76%。

海外营销投入部分,有85%的企业表示,在未来1～3年会保持或加大在海外营销投入,这体现了中国企业对海外市场的信心和决心。

品牌与销售线索部分,有66%的客户还是会更关注销售线索开发,这就跟前面做的调研有一点差距。在调研过程中看到的最大的两个挑战,一是挑战品牌影响力不足,二是与海外组织和海外团队的磨合。但是在选择营销广告投入在哪个部分时,很多客户还是会选择销售线索。

到底应该将更多市场预算放在品牌营销方面还是在销售线索的开拓? 这是很多公司市场团队负责人最困扰的问题。出海的品牌该怎么去破局,怎么把握商机呢? 我有三部分内容跟大家分享。

1. 如何评估短期效果和长期价值

领英营销智库在过去20年做了很多调研,对很多广告成效做了分析。发现如果企业将更多预算投入短期效果,那么前6个月广告的成效是比较明显的,但是如果从拉长线看,广告对于业务增长并没有明显作用。反之,如果企业将更多市场预算投入品牌长期建设、平台互动,对其长期业务可以有比较好的促进作用。

当我们的企业都在关注品牌的建设方面,在社媒这样一个媒体情况下面,我们怎么样去发布一些高质量的内容去跟当地的用户去互动呢?根据我们调研可以看到,像多元化、包容性、可持续性发展和网络安全这样一些内容是能够很好提升品牌的信任度和可信度的。有65%的消费者表示其实品牌是需要致力于多元化或者公平包容这样一些内容的。打个比方,有很多客户会在社媒或者不同媒体上有一些案例,项目落地案例、成功故事案例,这些案例可以很好提升品牌可信度,这些案例当中可以包装更多员工故事,这样会使内容更丰富一些,可以体现企业多元化的环境。

2. 可持续性发展

特别是如果我们企业跟一些世界500强企业合作,这些企业在采购过程当中,不仅仅会关注这家公司的实力、产品质量、价格,也会去关注这家公司能够给社会带来什么样多元化责任,会关注不同方面的内容,这些东西是比较好打动客户心智的一些方向。

3. 安全性

产品要出海,内容至关重要,中国有句老话"酒香不怕巷子深"。B2B发展非常迅速,很多企业内容方面做得非常好。在跟一个新能源客户合作过程中,企业CEO在领英的内容有非常多互动,我关注到最近有一篇谈他在美国出差的经历,下面有很多评论,我印象最深刻的,有国外的用户说,"我被你的内容给激励到"。

另外有他们国家公司员工留言,觉得自己在这家公司工作是非常自豪的事情。CEO发布的内容不仅有出差参加展会,还有他跟很多社会责任联结,通过一个小故事影响很多员工。这家公司在领英有30万粉丝,发布内容有大概50%～60%讲述产品、解决方案、项目在当地的经历,大概有30%～40%讲员工故事,其他的还会讲到企业愿景、企业社会责任等,这是很好地打动用户的方式。因此,在互联网数字媒体的发布可以考虑多元化内容,不仅可以讲产品,还可以讲人文。

下面要说说全球本土化,先讲联想的案例。联想的广告是投向13个欧洲不同地区的，以8种不同的语言（英语及小语种）及不同内容投放至整个欧洲市场。因为有很多不同内容呈现，所以后台就能分析什么样的广告效果是好的、能够吻合欧洲用户需求的，从而加大这部分投入。但是，很多客户会提到，他们的市场团队不一定能像联想一样有这么多人手，也没有办法生产这么丰富的内容，有什么更快速的方式可以开拓不同的市场呢？领英有很多数据洞察可以给客户提供数据支撑。以工业机器人为例，一方面，什么人对工业机器人感兴趣？通过领英数据可以看到，在芬兰、德国、澳大利亚、丹麦这些区域，对工业机器人的话题非常感兴趣。领英数据的洞察，首先可以将人、国家、行业联结起来，提供不同行业的洞察报告，帮助开拓海外市场，也可以寻找市场空白点，分析什么样的人、国家对什么产品感兴趣，以及分析企业策略中的联系点。另一方面，什么样的内容是工业机器人的客户感兴趣的？在领英上贴文数量多，与之相关的这些内容海外用户是很感兴趣的。而领英上推文比较少，但互动性高的。如果有客户刚刚进入海外想要做海外市场时，可以去找到这些内容的空白领域发声。

此外，因为不同国家的用户对内容有不同的偏好，所以领英有不同国家用户洞察报告。

领英平台上有9.3亿职场用户、6 300万企业在上面建立配置，对海外用户来说要了解中国一家企业，除了通过展会，查看官网最新的企业动态，来领英搜索企业也是要来到中国企业的必经之路。

领英平台上不仅有人才解决方案，还有营销解决方案，可以帮助中国企业、全球企业扩大在行业的影响力。目前，中国有460万企业在领英上有配置，70%中国出海的百强企业跟领英有深度合作。领英也希望通过行业洞察报告、市场分析，帮助中国出海企业寻找到更多商机。

半导体先进制造前沿技术高峰论坛

编者按：2023年9月20日，半导体先进制造前沿技术高峰论坛在国家会展中心举办。近年来，伴随着政府的重视与政策支持，以及产业资本涌入，我国半导体制造业欣欣向荣。上海市集成电路行业协会为该次峰会的主办方之一，协会为上海市集成电路行业同业企业以及其他相关经济组织自愿组成的非营利行业性社会团体法人，现有会员单位近700家，涵盖集成电路全产业链。该论坛邀请了半导体制造产业链中各环节的专家和优秀企业代表共聚现场，为大家带来半导体先进制造前沿技术应用的分享。

亿欧联合创始人兼总裁王彬博士致辞

尊敬的郭秘书长以及各位半导体行业的嘉宾大家上午好！今天我们相聚工博会的舞台，这是工信部举办很多年的品牌工业领域的峰会，而亿欧一直以来跟工信部的国际交流合作中心，就是国合中心有很多的合作，今年更是在工博会的会场有三场我们的分论坛，其中第一场就是咱们的半导体，还有一场在隔壁，我们做的是机器人，还有工业智能，工业智能为期一天，所以我们举办了三场分论坛。

刚刚主持人介绍了亿欧是做什么的，亿欧总部在北京，我是北京昨晚的末班机赶过来，但是临上飞机通知我延误，一下延误到了今天早晨，今天早晨赶过来之后这里又交通管制，所以穿过了整个会场与大家见面。

亿欧总部在北京，但是在上海有团队，深圳、武汉、南京也有，我们在纽约还有几十个，是新科技和实际产业结合的智库平台，现在我们已经把创新链的企业凝聚我们的平台上，总数大概有十万家，其中半导体企业大概有一万家，人工智能企业有一万家，我们讲的机器人企业可能有13 000多家，还有 SaaS 软件企业有两万多家，整个是十万家传信链的企业。我们凝聚创新链的企业可以帮助实体企业提升效率,做他们的科技创新。所以亿欧我们服务科技企业叫价值挖掘和价值传播的服务,我们有了科技企业的资源,我们就可以给实体企业做很多的行业研究和咨询的服务以及很多地方政府都是我们亿欧的客户。

这么多年做行业第三方,半导体领域因为这是我们中国最为重要的领域,因为国合中心负责工业设计和新材料,这两点上我们半导体都有涉及,也是工业智能制造的明珠。未来的桌子椅子上可能都有芯片,所以半导体的市场是巨大的,我们也做了很多现有成熟应用领域的行业研究,也针对封测和材料我们做了很多的报告,今天还有电源管理芯片报告的发布。做这些的目的就是为了让中国的芯片有自己的应用场景展示舞台,我们也相信中国在这方面的第三方会脱颖而出。

今天的议程非常丰富,今天请来了很多行业界还有创新领域的专家,我们也期望大家在半天的时间内能有更好的收获。谢谢大家!

上海市集成电路行业协会秘书长郭奕武先生为本次论坛致辞

今天,借助中国国际工业博览会的平台,大家齐聚一堂,共同探讨半导体制造领域的最新技术和未来趋势,这充分体现了我们对行业发展的重视度和紧迫感。

当前,我们处于数字化、智能化快速发展的时代,半导体作为现代数字技术的核心,已经成为国家科技发展的重中之重。半导体制造技术作为整个产业的基础,其发展水平直接关系到国家的科技实力和产业竞争力。因此,我们必须坚持不懈地推动半导体制造技术的创新和发展,打造具有国际竞争力的半导体产业体系,这也是我们今天举办这场高峰论坛的初衷和目的。

面对半导体产业在国际竞争中的高度复杂性和艰巨性,我们深感半导体制造技术在整个产业链中的前沿性和重要性。半导体制造技术具有高精度、高复杂度的特点,涉及领域非常广泛,包括材料、设备、工艺、封装等方面。随着人工智能、物联网、5G 等新兴技术的快速发展，对于半导体的性能和功能要求也越来越高，这无疑给半导体制造技术带来了新的挑战，也带来难得的机遇。我们必须保持敏锐的洞察力，紧密跟踪全球最新的技术动态，掌握半导体制造的前沿技术，推动我国半导体产业的持续发展。

在过去的几年里，我国半导体产业已经取得了长足的发展和骄人的业绩。但与此同时，我们也应清醒认识到，我们面临着诸多的问题和挑战，比如技术水平大多处于中低端、产业创新不够、发展路径高度依赖国外，人才短缺等。我们希望与会嘉宾通过本次论坛分享自己的经验和见解，探讨半导体制造技术的未来发展方向，共同为我国集成电路产业的繁荣发展出谋划策。

为了确保本次论坛的成功举办，主办方和承办方筹备了丰富多彩的活动和议程。我们将安排多场主题演讲和专题讨论会，让与会嘉宾深入了解半导体制造技术的最新进展和趋势。同时，我们还将安排技术展示和交流环节，让参会企业充分展示自己的技术和产品优势，让各位同仁有机会与其他业界同仁脑力激荡，交流心得和想法。我们还将邀请业内专家和学者就半导体制造技术的某个特定领域进行深入探讨和研究，以推动行业的共同进步和发展。

此外，我们也注意到一些与会者提到的关于技术和产业发展的一些关键问题。我们将积极推动产学研用协同创新，加强企业与高校、研究机构的合作，共同研发新技术、新工艺、新设备等。同时，我们也将关注人才培养和人才引进工作，加强与国内外相关机构的合作，共同打造人才高地和培养基地。

在这里，我想借此机会简单介绍一下上海市集成电路行业协会的情况。作为全国领先的集成电路行业协会之一，我们始终致力于推动行业的创新和发展。我们拥有一支由业内专家和学者组成的强大团队，为行业发展提供智力支持和技术指导。我们积极开展各种技术交流、培训和合作活动，帮助会员单位提升技术水平、扩大市场份额、优化产业结构，解决会员单位的急难愁盼等问题，实施相关政策落地，促进整个行业的共同进步和发展。

最后，我们想再次强调产业链供应链合作的重要性，就像这次华为为什么能够成功呢？也就是我们产业链和供应链的合作。所以我希望本次论坛是一个开放、合作、交流的平台，我们希望与会嘉宾能够相互学习、相互借鉴、相互合作，共同探讨半导体制造技术的未来发展方向。只有通过紧密合作和协同创新，我们才能共同应对行业面临的各种挑战和机遇，推动半导体制造技术的持续创新和发展。

在接下来的时间里，让我们共同期待精彩发言和深入探讨。同时，我也祝愿各位在本次论坛中受益匪浅、收获满满！祝大家身体健康、事业兴旺、阖家幸福！谢谢大家！

国产 CIM 解决方案在 12 吋 FAB 厂的应用

赛美特科技高级总监　**王　涛**

一、挑战与困难

可以说目前国产半导体制造环节存在的四大难题：高工艺、高成本、高良率、高产量。半导体制造过程中的 CIM 系统，其实就是计算机集成制造系统。从产业链来看，这一软件系统贯穿了芯片的整个制造过程，对芯片的制作进行管制、指引、监督、纠错、改良。目前国产半导体制造环节存在的四大难题都可以在这一整套系统辅助下得到改进。

二、对半导体 CIM 的理解

CIM 包括未来的自动化、智能化提升，CIM 是结合制造工艺进行的，半导体人才、文化、企业执行情况，是模型的底座在这个底座之上，我们希望用自动化、智能化和信息化的手段提升工艺、良率、产能、成本。几个支柱的协同是通过整个 CIM 软件来支撑的，基于这些方面的集成，可以促使半导体产业在市场上持续领先，可以让低端的产品向更高端、更有挑战性的目标前进。这也是赛美特,包括整个行业 CIM 的价值。我们应该在这些方面做更多的努力。

根据在运作过程中执行的任务,CIM 系统可大致分为三大类:"生产系统""设备系统""质量系统",总共涵盖数十种软件系统,其中最为重要的分别就是提高工厂生产效率的"生产系统",如最典型的制造执行系统(MES)和管控良率的"质量系统"(SPC、YMS、FDC……)。

比如说,可以称得上是晶圆代工厂生命线的良率。众所周知,在后摩尔时代,大尺寸化、薄片化都是现下晶圆生产工艺的主流趋势。当前全球晶圆尺寸正由过去的 4 英寸、6 英寸、8 英寸变迁为当前主流的 12 英寸,甚至 14 英寸;而芯片制程技术更是突飞猛进,已微缩至纳米级别的 3 nm,主流的也集中到 14 nm、10 nm、7 nm 等不同规格。然而,不论哪一趋势,都让晶圆生产工艺的精细度日益提高,晶圆厂的工序数量也在急剧膨胀,良率的保持变得异常艰难,稍有不慎,可能就会跌入低谷。

一条芯片生产线需要 2 000 到 5 000 道繁复工序,每一步都需精确至极,一丝不苟。95% 的整体良率听起来似乎不错,但若工序达到 3 000 道,每道工序良率都必须高达 99.998 3%,一旦降至 99.976 9%,整体良率便会跌至 50%,甚至更差。而这带来的将是十亿级、百亿量级晶体管的报废。

由此可知,在这样精密至极的生产线上,可谓"差之毫厘,谬以千里"。因此,能够对整个制造环节进行管控和改良的 CIM 软件系统的重要性不言而喻。

三、解决方案的应用情况

CIM 工业软件,有着同芯片 EDA 软件赛道一样的"三座大山":高技术含量、深度积累、高进入壁垒。

首先,高进入壁垒其实很大程度是来源于深度的行业积累需求。半导体产业和工业软件领域本身都是典型的 Know-How 行业。特别是芯片制造,这一对精密度要求极高的环节。正如上文所述,随着晶圆制作工艺日趋复杂,产线控制和质量标准要求将随之提高,决策时间大幅缩短。正如当下主流的 12 英寸晶圆,其所需的 CIM 系统开发难度和技术门槛明显被拔高,既要开发者掌握前沿技术,具备高超的软件开发能力,又要拥有深厚的行业Know-How,以确保系统精准匹配芯片产线。

毕竟系统一旦出错,可能导致价值千亿的代工生产线受损。也因此"先进的12英寸代工厂不可能让国产MES去做小白鼠去磨经验,因为这个代价太大了,但不经过磨炼,MES的能力就很难提升。"芯享科技董事长沈聪聪说。

如此,这也就让国内大多"草创"玩家,陷入一个难以自证的矛盾循环,进而过去多年这些玩家始终未能真正打开半导体供应链的大门。

这个矛盾循环也并非不可破解。资料显示,在主流的12英寸晶圆制程中,赛美特已顺利成为国内唯一经过多家12英寸晶圆厂量产验证的全自动化CIM解决方案供应商。

赛美特陆续为华天科技(天水/西安工厂)、通富微电、北方华创(半导体设备工厂)等企业提供CIM解决方案,甚至为国内排名第二的晶圆代工厂全资子公司华虹宏力1、2、3厂8英寸产线以及华虹(无锡)7厂12英寸全自动化产线提供了EAP、RMS等相关自动化系统。据悉,青岛芯恩也是赛美特里程碑式的项目,目前8英寸厂已经量产,12英寸厂的系统也正式上线。

此外,或许是为进一步积累更多的行业Know-How,赛美特"曲线救国",在广泛的制造企业领域也同样构建了一站式智能制造解决方案。截至目前,其已成功为超200家制造工厂提供国产智能制造软件服务,涵盖半导体、装备制造、新能源、汽车零部件等多领域。

这些足以说明赛美特在高壁垒的半导体CIM软件,以及整个CIM软件行业中取得的突破性进展。

其次,正如整个半导体产业领域一样,CIM工业软件也是一个高技术含量细分赛道,此时人才,尤其是资深高技术人才将成为最核心的"生产要素"。

但国内半导体行业发展晚,资深半导体数据工程师等高技术人才严重匮乏,即使过去多年早已培养了一大批这样的人才,多数都因为薪资等原因最终进入了海外头部企业。

不过,对于这一点,或许AI智能技术+数字化时代的到来,将为国内半导体CIM软件厂商带来弥补这一弊端,加快追赶国际垄断同行的机遇。

半导体行业协作机器人的技术及应用

优傲机器人全国电子行业负责人　孙逸涵

今天我从以下几个方面给大家进行简单的分享和报告。首先是半导体行业所面临的挑战，主要从自动化改造方面的挑战进行分享，第二点是协作机器人在半导体行业的应用，最后一点是优傲为什么在众多机器人协作品牌里面是最好的选择。

半导体所面临的挑战，首先是人力成本。人力成本不管在什么行业都是最普遍的，目前招工的困难性每年都在递增，熟练工的流失会让人工这一块的缺口越来越大。其中在半导体行业里面，一些生产流程对人体多多少少会有一些损伤，可能有些违背人体工学的环节，这是人力成本的提升。

其次是产品良率。人工的搬动振动不可控性非常大，如果出现偏差导致原材料的损失，对于前端的晶圆厂和封测厂都是巨大的成本。

再看生产效率这一块。人工搬运生产效率比较难用系统性的方式体现，在我们管理软件里面，如果用机器可以比较好地通过 MES 信息整合，更好更直观看到一台设备的稼动率是多少。

最后一点是项目周期，因为自动化是非常成熟的行业，非常多自动化的案例都可以在各行各业里面应用。对于半导体来说项目周期很重要,因为半导体更新换代的速度非常快。在这个点上面,协作机器人其实是半导体行业里面的"后起之秀"。之前传统工业机器人已经占领了大规模的市场,比如在传统的燃油车领域,我们可以看到非常多的大负载工业机器人。

所以工业机器人和协作机器人有怎么样的区别呢?传统机器人的高速度和高精度,导致它们在运行时无法与人类在相同环境中工作,以避免人类可能的伤害。为了确保安全,通常需要安装防护围栏。此外,工业机器人的编程需要极强的技术性,工程师需要具备深厚的技术积累以便更快更方便地进行应用。

在这种背景下,2005 年,一位丹麦大学生创立了优傲机器人公司。2008 年,全球首台协作机器人在丹麦诞生。这让人们第一次直观地感受协作机器人和工业机器人的区别:

首先,工业机器人需要空旷的工作环境,要求工作范围内没有人。而协作机器人可以与人在同一环境中作业。

其次,占地面积方面,工业机器人需要围栏辅助,对占地面积的要求较大。而协作机器人可以被视为一个工具而不是固定资产。当需要协作机器人协助人工完成某些工作时,只需将其移动到相应位置即可,对占地面积的要求较小。

最后,在编程方面,工业机器人需要工程师具备相对较高的编程水平,才能提高编程速度。而协作机器人具有一个独特的特点,即可以通过手动拖拽进行试校,进行精确的点位调试,从而节省人工调试的时间。

在探讨了协作机器人在半导体行业的必要性之后,我们现在来深入了解一下这个行业的协作机器人应用场景。

首先,让我们关注协作机器人单机的工作环境。请注意,这里有一幅模拟图,协作机器人以一种排列的方式放在设备中。它在工作时所占用的空间非常小,因为其结构十分紧凑。此外,使用这种机器人非常方便,只需通过前方的拖拽式校准即可。

优傲品牌的协作机器人有六个关节,每个关节都可以进行正负 360 度的旋转。这种设计的亮点在于,基座上装有两个关节,中间一个关节,手腕部分有三个关节,这种设计与传统的"222"设计不同,它的"213"设计,以及正负 360 度旋转的能力使得优傲机器人可以触及的范围是球形的,没有死角。

那么,为什么半导体行业中需要移动复合机器人呢?

这是因为这种机器人的改造幅度最小,无论是在封装测场还是前端晶圆厂,场所的空间都非常宝贵。如果我们想要在这样的环境中提高工厂的产能并导入自动化技术,那么就需要对大量现有机台进行重复搬运和重新定位,这样做的成本相当高。协作机器人可以为我们解决这个问题,它们的机械臂就如同人类的手一般,下方的小车则如同我们的脚一般,能够轻松到达任何地方,对于原有的布局影响最小。

另一个亮点在于,当我们需要将协作机器人用于其他场景时,我们可以将现有的机器人移至另一个场景进行使用和验证,这样会大幅缩短新项目启动导入的时间成本。

至于解决方案方面,许多移动复合机器人的合作伙伴都有自己独特的解决策略。尽管每个合作伙伴都有其独特之处,但他们的目标都是提高设备的稼动率并降低设备闲置的成本。任何工厂的 IT 使用协议我们都可以进行对接,通过中央的任务分配系统,我们可以将任务下发到每一台,移动复合机器人或单机协作机器人进行操作。这样做的好处是,我们能够尽可能提高设备的稼动率,一台设备可以当作多台工作的标准化设备,从而大大提高投资回报率。

我们再深入探讨一下移动复合机器人的解决方案。优傲研发的协作机器人已通过安全认证,并获得了 ISO10281 的认证。在安全性方面,我们具备绝对信心。事实上,优傲机器人的安全功能无法关闭,当在达到极限速度之后,客户可能需要寻求其他提速方法。但无论怎样,安全性始终是我们首要关注的重点,这一点无法被忽视或关闭。并且,我们确实有优化方法可以提高效率,例如增加路径点来提高整体效率。

此外,值得一提的是我们的兄弟公司米娅(MiR),一家丹麦公司。他们的底盘也已通过安全认证。米娅底盘的显著特点在于,即使在现场变化低于 55%的情况下,仍能保持平顺运行。

如果大家参加过展会，会发现 AGV 技术已经非常成熟，许多展商都展示了这项技术。但你可能会好奇，有多少展商能让观众走入他们的小车工作区域呢？今年，我们有幸在工博会上与米娅联合参展。大家可以去看看，米娅地盘的所有工作区域，观众都可以自由进出。值得一提的是，米娅是全球首家在其小车上未添加安全防撞条的底盘制造商。他们对自己的安全性有着绝对的信心。

总而言之，移动复合机器人是一种相对标准的解决方案，可广泛应用于前端单晶硅的晶圆厂以及后端封测厂等场景。

最后让我们来探讨一下为什么选择优傲机器人。首先，通过观看视频可以了解到优傲机器人是全球第一家研发协作机器人的公司。目前，我们提供负载从 3 公斤到 20 公斤的不同型号协作机器人，以满足不同应用场景的需求。许多知名品牌，如雄克和施迈茨都是我们的合作伙伴。

优傲机器人成立于 2005 年，并在 2008 年推出了首台商用协作机器人。截至今年年初我们已经售出了超过 75 000 台产品，作为一家全球化公司，我们在全球各大城市设有办事处。在中国，我们已经在上海、北京和深圳设立了办事处，其中上海是我们的总公司。

2015 年，我们被一家美国公司泰瑞达收购，这也是一家在半导体行业做 ATE 后端封测设备的知名公司。被收购后，在全球芯片短缺的时期，我们的工业机器人从未缺货过，这得益于泰瑞达的帮助。他们致力于每一位客户的成功，这一理念也深深影响了我们。

现在让我们来看一下优傲机器人的产品线。目前我们有五款主打产品，负载从 3 公斤开始，到 3、5、12.5、20 公斤不等。在半导体行业中，使用较多的是 16e 和 UR10e 这两款产品，这主要是考虑到夹具设计和满载重量。此外，我们还新推出了 UR20，这款产品的负载为 20 公斤，臂展达到 1.75 米，非常适合用于后端的装箱和码垛等应用场景。

这里简单提一下我们的 OEM 控制器支持。通常情况下，我们的产品使用 220 伏的交流电。但如果将 OEM 控制器用于移动复合机器人，我们建议使用 48 伏的直流电来控制。这样，控制器的功耗将被限制在 200 瓦到 300 瓦之间，从而最大限度地延长整个移动复合机器人的续航时间。

我们还有一个名为"UR＋生态圈"的解决方案。这个方案由 UR 这家专门从事机械臂的公司发起，但 UR 机械臂并没有集成手指、脚和眼睛等附加组件，为了更好地为客户提供服务，我们决定打造一个完整的解决方案，而不只是单纯地销售标准品的机器人。因此，"UR＋生态圈"应运而生。

在这个生态圈中，我们与各行各业的领军企业深度合作，共同为客户提供优质服务。当客户需要一个简单的抓取应用时，他们可以直接从我们的产品种类中选择适合自己的气动或电动抓手。如果需要做应用场景，例如打磨和码垛，客户也可以通过专门的应用场景来选择相应的解决方案。我们会对这些场景进行详细分析，并为客户提供最佳的推荐方案。

"UR＋生态圈"不仅提供硬件方面的验证，还注重软件方面的适配。我们已与众多合作伙伴共同开发出一系列经过验证的产品方案。使用 UR＋产品的客户可以直接在 UR 的示教器上进行编程，无需额外的上位机支持。

今天我非常高兴能有机会与大家分享这些内容。因为我们始终相信，每个人都是独一无二的个体，拥有无限的创造力。因此，我们希望 UR 能帮助人类避免那些枯燥、繁琐、重复的工作。我们希望人类和机器人能够携手合作，共同创造出更多元化、更高效率的工作方式，而不是像机器人一样从事简单单调的工作。

车规芯片验证的流程和展望

上海聚跃检测技术有限公司技术总监　**万利创**

今天我简单聊一聊车规芯片可靠性验证相关的事情。

我分三个部分来聊,首先是车规芯片的定义和其他芯片的区别,车规芯片指制度标准达到车规级,可以应用于汽车控制的芯片。

车规芯片和车载芯片有什么区别呢? 一般我们只把汽车在汽车工厂前装的设备或者机器上用到的芯片叫车规芯片,而后装的例如多媒体控制的芯片,一般叫车载芯片,而只有车规芯片需要通过车规级验证标准。

消费级、工业级、车规级芯片的区别是什么? 第一是使用寿命。消费电子的芯片期望寿命小于等于五年,工业级是 5～10 年,车规级要超过 15 年。第二是缺点率。消费级要求小于 500 DPPM,工业级是根据厂商和用户的质量协议来定的,而车规要求零缺陷,零缺陷是业内美好的梦想,实际上是小于等于 10 个 DPPM。第三是工作环境。消费级和工业级都是依据产品要求定义,车规级有要求,等级 0 是最高的,温度分为零下 40 度到正 150 度等等。第四是在量产测试方面。消费级是常温进行产量的生产,工业级可进行高温和低温环境下面的测试,车规级要求进行三温量产测试。第五是生产老化测试。车规级要求必须进行生产老化责实。

汽车电子的质量生态。汽车芯片设计阶段,研发人员需要遵循ISO26262 的标准,从制造阶段的质量体系来讲要遵循 16949 的标准,最新的是 2016 版的。可靠性验证方面,业界同行是 AEC-Q 系列的标准,其中 100是集成电路,101 是分立元件、200 是被动元件、103 是 maps,104 是多芯片组件,当然有一些国家和厂商不遵循 AEC-Q 的标准,比如日本有自己国家和厂商的标准。环保上,汽车电子有绿色车电的要求,有 GADSL(全球汽车申报物质清单)和 MDS(由多个汽车厂商组成的多国的数据系统)。

简单用 AEC-Q100 介绍一下 AEC-Q 系列可靠性的验证流程。

在 AEC-Q100 里面包含了 7 个群组,共计 72 个测试项,其中群组 A 是加速环境应力测试,包括 PC、THB、HAST 等等。群组 B 加速生命周期模拟测试,包含 HTOL、ELFR、EDR。群组 C 是封装完整性的测试,包含 WBS、WBP、SD 等等。群组 D 是晶圆级的测试,一般是晶圆厂做的。群组 E 是电性测试,其中包含一些性能测试 ESD 等等。群组 F 是缺陷筛选测试主要是两项。群组 G 是腔体的封装完整性测试,只有在某几种特殊的封装形式的芯片会测。

值得说明一下的是,各个标准是稍微落后于产业界,比如 AEC-Q103 是maps 的标准,但是汽车上也会用到陀螺仪的芯片,其实也是 maps,但是在AEC-Q 没有陀螺仪芯片的标准,因此是厂商跟用户进行沟通确定后再进行相关的测试。

这个图片(略)是比较经典的一张验证流程图,包含了从研发到最后完成可靠性验证出货全部的流程。

首先是研发。芯片的研发人员在完成了设计资料发到晶圆厂加工,加工之后晶圆厂进行 PIT 或 FBI 晶圆级的生产数据测试,从而为晶圆制造提供帮助。晶圆封装后,封装样品会进行群组 C 的测试项。封装完成后进行外观检测和失效测试,随后是性能测试,用 ATE 进行三温测试。性能测试也会跟群组 F 两个测试相互结合、相互影响。晶圆制造完成后做 E 组测试和 D 组的测试,每一个工艺厂的每个工艺都会生产专门的晶圆去做测试。设计公司如果要 D 组的测试的话,向晶圆厂要报告即可。

在电芯测试后做 A 组的可靠性测试。先在公司进行常温环境测试,需要做预处理,测试完成后在高温环境下 24 小时、48 小时再在常温下测试性能。然后会进行高温环境下的几个测试项,如 PTC、THB、温度循环,以及高温高湿的测试项,如 AC。完成各种环境下的实验后进行电性的测试,做完温度循环的芯片,进行 WBA、WBP 就是封装方面切线推拉力的测试。同时分出一些样片进行高温存储,模拟常温环境存储几年的情况再做测试。

接下来是 B 组的测试。其中最重要的是高加速的寿命试验,汽车电子的高加速寿命试验需要做三温 ATE 上的性能测试,汽车电子都会做早夭实验 ELFR,早夭前后会做三温的电测试,非易失性的存储器的设备会做 EDR。

E 组合测试。汽车电子与消费电子不同,如 ESD 的测试、HBM 就是人体模式的 ESD,消费电子通常达到 2 000 伏或者是打一个 2 000 伏和 4 000 伏过了以后就不打了,但是汽车电子要求从一个比较低的电压,如 500 伏依次往上打,防止有 ESD 工艺里面有黑洞。闩锁效应也是汽车电子跟消费电子差异较大的地方,消费电子在常温下测试闩锁效应即可,但是汽车电子要求在它的工作温度等级最高的温度点进行测试。EMC、SC 只有少数几种类型的芯片会做,ED、SER 只有存储容量达到一定量以上的芯片才会去做。

G 组的实验。G 组是带腔体的封装,比如陶瓷和进入封装的芯片会做气密性的测试,不是所有的芯片都要做的。

AEC-Q100 的实验周期。WK0 是 Space Cruiser Eng-Assembly 一般可靠性试验是从封装样片回来后开始,一些公司在芯片封装的时候用晶圆级状态的芯片去做例如数字方面的 Patten 的测试。封装样片回来会在 ATE 进行第一轮的测试,测试完成后进行 HTOL Patten,然后再去 ATE 上测一下。随后样片可用来跑 ESD/LU,同时跑 HTOL 的试运行。试运行两周没问题就会正式跑 HTOL 的实验,要求最低 1 000 个小时,有的厂商可能会要求超过 1 000 个小时。在做 HTOL 的同时,会用样片做电性能和封装方面可靠性的实验,当然也是从前到后的,其中有一些实验是可以相互替代的,比如 THB、AC 可以跟 HTSL 实验替代,但是具体的方案需要跟用户沟通确定。最后,当可靠性试验基本完成后会进行软失效、电磁兼容方面的测试,最后进入 CS 的阶段——给客户出货的阶段。

这样的流程最快也要超过 20 周的时间,接近半年,如果有实验项目失败的话,研发人员还需要确认改版,如果涉及重大的改版基本绝大多数的实验都要重新做一遍,那么时间则需要更长。

来自亿欧的报告,预测到 2025 年的时候,智能电动汽车和新能源汽车国内的出货量、销量会分别达到 12 000 万和 15 000 万,传统的燃油车和电动汽车单车的芯片数量可能会达到 1 200 颗和 2 000 多颗,其中每一颗的汽车芯片都需要通过严谨、周密的车用电子芯片可靠性的流程。

机器人技术应用与产业创新发展论坛

编者按：2023 年 9 月 20 日，机器人技术应用与产业创新发展论坛在上海国家会展中心举办。当下，在软件和人工智能的加持下，机器人技术的发展和应用得到空前推进，未来将对人类社会产生深远的影响。论坛汇聚了多位在机器人领域深耕多年的行业专家现场参会，他们有的是机器人技术的领军人物，有的是在机器人应用研究方面有着丰硕成果的实践者。他们在论坛上分享自己的见解和思考，共同探讨中国机器人领域的现状、挑战和未来发展趋势，以及如何在新时代转型时代背景下实现的创新和突破。

亿欧联合创始人兼总裁王彬开幕致辞

我是亿欧的联合创始人兼总裁，我们成立快十年了，这十年来我们应该说把市场上尤其是数字化为主的、解决方案为主的解决方案提供商我们都凝聚起来、团结起来，我们现在有十万家科技企业，其中机器人企业大概有 13 000 多家，这也是占比非常高的，仅次于 SaaS 软件。所以，我们在工博会的舞台我们今天搞了一个机器人创新的大会。

机器人在我看来，过往我们应该更多定义为人形机器，因为没有更多的思考能力，尤其是现在我们 AIGC 大模型的发展，我们可以真正赋予机器以人的内涵，这是现在重要的变量。

我本人是学了十几年的钢铁，我也到过好多家钢铁企业，我甚至把钢铁行业每个工序我都亲身轮岗过，大家如果去钢铁企业的话就特别期望有这种工业机器人的存在，因为很多的环境特别烫，不适合人类存在，甚至还有有毒的气体。后面我们也看到越来越多钢铁行业机器人的应用，有越来多这样的案例出现。

我们亿欧的数据，今年上半年，我们工业的机器人产量已经达到 22.2 万套，同比增长 5.4%，这是一个非常可喜的事情。工业机器人装机量在全球已经超过 50%，而且现在几乎是稳居全球第一。服务机器人和特种机器人现在也在快速发展当中，其中服务机器人的产量现在是 35 多万套，同比增长接近 10%，这也是重要的驱动力。

今天的活动我们同事定了三个最为重要的、也是当下最时髦的话题，第一个是 AI 能力的融入，就是机器人赋予人的内涵是从这里开始的。我们请了上海人工智能实验室的王老师，还有梅卡曼德的徐总，讲讲机器人在应用和设计过程中的作用。第二个是应用和拓展。工博会是聊工业为主，但是机器人从服务和消费方面都是四面开花，所以医疗、农业、餐饮、旅游等行业也会应用，所以是应用再拓展，我们请了来自京东物流和节卡、佳安、软体、华睿一系列企业。第三个是机制促创新。今天请了很多资本的朋友，包括深蓝资本、海康、蓝芯、优艾、江苏富仁等等，从不同的角度给大家讲述机器人的发展。

三个主题的目的就是让大家了解机器人对实体产业的创新带来的效应。我们亿欧把这十万家乙方公司凝聚起来，亿欧更多的业务是帮乙方企业做数字化咨询甚至是数字化转型的落地，落地的过程中会团结更多的乙方公司，甲方、乙方、第三方我们做了很多的公司，联合大量的国家部委做了标准，包括现在有很多机器人的品类，我国的定义还是空白的，在这个过程中我们在积极推进很多机器人品类标准的建设。

我们是产学研汇聚一堂，在工博会的舞台，工博会的展区有很多的机器人公司，但是论坛为数不多，我期望大家今天一下午的时间，在这里看到机器人最新的进展，我们也会发布很多新的观点和报告，最后亿欧有一个报告和我们对于机器人领域的研究的集中发布，请各位期待。

京东物流智能机器人探索与应用

京东物流 X 事业部运产品负责人　　张　雷

一、京东物流、京东 X

介绍一下京东物流及京东 X。2007 年是京东物流发展的元年，从京东自营的电商体系中自建物流。物流的发展可以分为三个阶段。第一阶段，依托于电商物流成长阶段，塑造全球物流产品标杆，提高优质服务。第二阶段，2017 年成立物流集团，2017 年至 2021 年独立运营对外开放服务企业客户超 30 万。第三阶段，2021 年在香港上市，进入新的阶段，将内部解决方案、产品以及一些经营结构打造一体化的供应链解决方案，服务更多客户和外部合作伙伴。同时，也积极探索全球化。

我们认为京东物流是比较领先的供应链解决方案以及物流技术服务商，以技术驱动、引领全球物流和流通为使命，致力于成为全球最值得信赖的供应链基础设施服务商。

降本增效是物流行业的底层逻辑。物流行业发展第一个阶段是物流自动化应用。1972 年中国建设第一座自动化立体库。90 年代我们在服饰、烟草领域开始了物流系统的探索。2014 年京东建成了首座"亚洲一号"仓库，在整个国内物流自动化领域智能仓储非常领先。如今，整个行业在系统的集成商、物流产品的提供商已经达到了百花齐放的状态。

回顾 X 事业部，诞生于京东物流体系内。2007 年京东自建物流，以人工模式为主。2010 年我们从单点自动化开始探索，在很多的场景做试点的自动化应用，局部自动化作业提高了效率。下一阶段，2012 年我们在亚洲一号和其他仓储部署了大型自动化设备，有立库、大型分拣，把物流和自动化应用打造向新集成方向发展，内部实现了降本增效的目的。

2016 年成立京东 X 事业部，我们做了很多基于内部场景打磨的产品，有智能仓储、无人配送车以及无人机，把场景和解决方案剥离出来对外进行赋能。

无论京东物流还是京东 X，都是围绕着我们自己体系的降本增效，在物流领域是空间最大化利用率，各环节的作业率不断提升。

二、京东 X 对外解决方案

我们有五大解决方案，京东仓储、智能园区、数智化供应链、京东物流教育和京东云仓。京东 X 就是基于物流最佳的场景，在产品上有很多创新，不只是单一自动化的应用落地，还有很多自动化和自动化或者是产品和产品之间结合的场景方案，实现供应链全面升级。从内部脱离出来的云计算、大数据、边缘计算和机器人技术等底层技术，支撑整体的科技产品和我们的解决方案。

今天跟大家分享一下我们五大解决方案中的智能仓储。

我们为客户提供智能仓储一站式赋能，智能仓储有单独的业务部承接相关业务，X 事业部专注于智能物流技术研发核心的应用部门，深耕细分领域，针对消费品、3C 电子、医药对数智化供应链整体进行升级和改造，提供以硬件为基础、以软件数据为驱动、以系统为核心的智能物流解决方案。帮助客户降低成本，提升物流品质。

核心能力通过构建"硬产品 + 软能力 + 合作生态"解决客户的痛点，持续强化方案竞争力。我们通过分析各个行业的共性，沉淀出细分场景，提供解决方案。提炼出解决方案最终的价值,方案价值也是我们对外整体的核心竞争力。

我们从2016年开始自研机器人,2017年内部很多的项目开始用我们的自研机器人,我们叫天狼和地狼。X事业部围绕着智能产品、场景,基本打造了覆盖供应链全环节的硬件产品矩阵,有智能仓、终端、配送端,还有山区和边缘地方用物流机器人来末端配送。

介绍下具体的科技产品。天狼机器人,主要是应用到仓储,面向3C、工业品、消费、医药等行业的客户群。我们定义为一款定位于高密集存储、中高流量的箱式货到人拣选和集货缓存的智能机器人系统。目前已经在电商、工业电子、医药等多个行业打造成功案例。应用场景主要包括两块:(1)拆零拣选。主要应用于电商和快递物流行业。(2)合流缓存。有工业的燃仓料生产环节,它的主要构成就是目前比较成熟的,包括了高达10余米密集穿梭库,里面是穿梭车,两端是用来在穿梭车的体重机,还有拣选工作站,还有配套自研的WCS、WES系统。

地狼机器人。一款潜伏式搬运机器人,可以提供安全、稳定、高效、易用的自动货到人拣搬运功能。构造也很简单,包括了潜伏AGV,包括货架,包括充电桩,实现电商的货到人的拆零拣选,以及与其他自动化设备做上存下捡的应用,以及物料制造业行业的搬运。

自动分拨墙系统,包括分拨车、供包台、智能格口,主要特性是立体、柔性和高性价比。我们运用分拨墙的另外一个原因就是,通过分拨墙可以提高天狼和地狼整体的拣货效率以及降低分货错误率。分拣业务由于作业场地小、SKU数量多,多使用人工方式作业。但人工分拨错误率高、人效低,是仓库提升整体运营效率的卡点问题。自动分拨机器人解决方案通过设备自动分拨作业的方式替代人工分拨,简化操作员分拣分拨作业流程,降低分拨错误率与运营成本,提高分拨作业效率。目前,自动分拨墙已与服装、图书、医药、云仓、休食、工业品、个护、日百的多家企业在B2B与B2C分拨场景合作,帮助企业节约作业空间与人力成本,降低管理难度,在两年内实现投资收益转正。

物控是物流首个具备物流全终端接入管理的平台,从机器人、流媒体、传感器、自动化设备等都可以接入，能够方便运营人员现场管理，以及各个环节的把控和优化。它的上面是应用层包含仓储的数字化服务以及数字孪生，中间是呈现层包含监控的孪生、模拟的孪生还有操作的孪生，底层是数据采集，针对现场传感器、监控和其他自动化传感器设备，提炼数据，最终形成整体数据分析和模型。

四、未来展望

京东物流从内部降本增效，X事业部自研硬件产品，京东物流场景非常丰富。在丰富的场景中，我们不断引进外部系统集成商和设备厂商与我们合作，因为物流的节点非常多，我们无法从每个节点提供最优解决方案，希望更多客户、朋友为我们各个环节提供更高效、低成本的解决方案。我们秉承开放的场景，供大家磨炼。这几年，我们也磨炼出了一些标准化的产品。京东X未来也会对外秉承开放的态度，促进形成整体的硬件生态。在这里，我们有自己的产品，也有外部好的产品来补充，京东整体在物流领域的降本增效。未来，物流领域的流程有可能被重塑，也有可能出现新的设备和新的场景对物流领域产生非常有意义的影响。

智能自动化为工业产业带来的变革

节卡机器人行业副总经理　　**庄陈丰**

工业 1.0 升级到 4.0,从前期家庭式作坊,到规模化工厂、流水线型生产企业,再到工业 4.0。目前工业的需求更加柔性、多样性,具有个性化的特点,在生产制造过程中有定制化的需求,需要根据需求灵活部署产线、产业链对场景进行作业。

从人工产线到自动化生产线,再到人机混线以及更加智能的方向,实际上是一步步迭代。机器人智能柔性手臂需要更加安全、可靠、智能、易用,这样才可以满足柔性生产线的要求。节卡机器人自成立以来一直专注于协作领域的机器人生产制作、研发及市场推广,当然也在机器人专家学者的基础上做研究,目前在协作这个领域做了一些拓展,在行业地位、标杆客户、优质平台方面得到认可。

一、安全

先从安全的角度做一些探讨,协作机器人结合自带的属性就是相对安全。具有人机协作的场景,对产品本质需要有一定的属性。通过本身的电流、感应、传感系统来感知外部的、应用场景的情况。

主动安全与被动安全,被动安全就是指人触碰到机器人,机器人被动停止,这是协作机器人固有的属性,人机协作的属性。主动安全就是人进入到某一个区域可以减速、慢速、暂停,在机器人的上方加装视觉系统,并在软件上进行编程,对速度、范围、图形定义,视觉感知到人在这个区域内,便有相应的减速、慢速甚至是暂停。

二、易用

当初定义做协作机器人时,我们沿用移动端、图形化的编程方式控制机器人,用手机、平板、笔记本电脑控制机器人,这就降低了使用机器人的门槛,小朋友都可以操作,与现场工人、施工团队交付的时候也很方便。

三、可靠

节卡机器人一直以客户为中心做业务拓展,得到了各个行业大客户的认可,比如丰田、施耐德等,他们大量使用节卡机器人。节卡机器人是协作机器人领域唯一一个通过 MTBF8 万小时认证的企业。手臂在 3C、汽车零部件、精密制造、食品、电器、医疗、厨卫、新能源、服务等多个领域应用,在搬运、码垛、检测、机器加工、涂胶、打磨、焊接、复合机器人等多个场景中涉猎。

手臂拥有开放的开发接口,在去年也发布了以 AR、VR 的方式直接控制机器人,可以更加智能,目前更多运用于固定的或者是工厂型的企业,相信未来在技术拓展以及应用成熟后能够触达更多场景,如危险的场景、难以触达的场景,甚至是对身体有害的场景。

不单单是手臂本身,在手臂的基础上再去做建构性的东西,就是节卡的 OTA 系统,有大脑对它进行监控,对它状态的捕捉,然后反馈到面板,及时觉察手臂的状态。当然,还有更加灵活的,可以在手机、电脑、用户端的系统上安装软件,通过节卡小程序监控机器人的状态。

我们自己定义节卡协作手臂不单单是机器人,更是可灵活部署的工具。

圆桌论坛：机器人加速突围，远征途中的抉择

圆桌嘉宾：

张志远　主持人深蓝资本合伙人

蔡　化　海康机器人国内营销副总裁

程阳选　蓝芯科技副总裁

关　健　优艾智合机器人副总裁

袁建彬　江苏富仁集团副总经理

张志远(圆桌主持人)：现场参会的朋友们，大家下午好！我先做一个简单的自我介绍，我是深蓝资本的张志远。深蓝资本是一家关注科技创新和高端制造的精品投行，我们通过提供私募融资和兼并收购的服务来助力客户成为世界级的科技型公司，其中高端制造和机器人是我们的重点发展方向。

今天特别开心邀请到四位非常资深的专家来到现场，下面有请各位专家进行自我介绍。

蔡化：大家好，我是来自海康机器人的蔡化。海康机器人是面向全球的机器视觉和移动机器人的产品及解决方案提供商，我们这几年一直聚焦在工业领域中。海康机器人是海康威视的子公司，海康威视大家也比较熟悉，是安防行业的龙头。

海康机器人公司的成立是把我们既有的技术沉淀下来，推出新的产品聚焦在工业领域当中。目前公司有两大产品线，一个是机器视觉产品，一个是移动机器人产品。

机器视觉的产品聚焦于智能传感，把整个工业感知的能力做得更加丰富，把采集做得更加强大。

移动机器人聚焦于智能化的设备。无论是传统的 AGV 还是 AMR 自主机器人，在生产中起到了很大的作用。海康机器人聚焦生产环节中的内部流转和仓库的仓储系统，帮助企业提高生产效率、降低生产成本、提高生产产品的质量。

程阳选：大家好，我是程阳选，来自蓝芯科技，我们总部在杭州。

蓝芯科技以 3D 视觉为基础，以移动机器人为载体，为客户提供整体解决方案，目前业务主要聚焦在 3C、锂电、光伏和包装行业。我们致力于利用 3D 视觉技术提升机器人的感知能力，例如在导航方面采用 3D 视觉导航顶视视觉，安全检测方面则用 3D 视觉检测机器人行进方向上的低矮和悬空障碍物的识别，使机器人更加安全。通过 3D 视觉，机器人与机台的对接精准度和稳定性也得到了提升。

非常感谢参加此次活动,并期待与大家的更多交流。

关健:我来自优艾智合,我们为工业升级提供值得信赖的机器人生产力。目前两大业务都是基于激光导航移动机器人,包括 AMR 和 AGV。聚焦的领域是新能源和半导体两个细分行业中的整场物流转运。我们从底层的机器人控制、精确的激光测量融合导航算法,到中上层的业务系统软件都有涉及。

此外,我们的第二个事业部专注于巡检运维,对于能源行业当中高压带电操作为代表的特殊场景,我们提供移动机器人加上手臂共同替代人工,来替代带电有危险性的操作。

袁建彬:大家好,我是来自富仁集团的袁建彬。富仁集团在机器人领域是一名后来者,因为 2018 年之前我们是石油石化做炼油的,2018 年开始转型,现在企业有两条产品线,一个是绿色电力,一个是在特殊环境下的加油机器人。

张志远:今天论坛的主题是"机器人加速突围,远征途中的抉择"。科技发展日新月异,机器人技术作为人工智能和高端制造的重要分支,以前所未有的方式和速度改善我们的生活。机器人已经从单纯的工业生产工具演变成了覆盖多行业、多领域的关键生产要素。

我们今天的主题有两个关键词,第一个是突围。一方面,国产机器人公司如何打破国外的垄断进行国产替代,另一方面是后疫情时代如何实现新增长曲线的突围。第二个是抉择,中国机器人公司面临着行业选择、供应链管理、出海等重大战略决策。现在我们已经到了一个机器人重要的行业拐点,机器人行业接下来将如何影响我们的未来和生活?已经成为每个人关注的焦点。

我们今天的圆桌论坛围绕突围和抉择展开,希望各位嘉宾结合一线市场需求和行业信息进行探讨。

进入第一个问题,聊聊当前的基本市场情况,先提供一组数据,从

2020—2021 年受到新能源和汽车需求的激增,工业机器人保有量每年保持20%以上的增长,2022 年受到疫情影响,增速下滑。

第一个问题给各位嘉宾,各位嘉宾对供应链当前的基本盘如何看待?对于未来增长的潜力如何看待?

蔡化:工业机器人未来的市场潜力还是很大的。移动机器人目前普及性不高,同质化、在各个行业的普及性不高等很多难题没有真正解决好。因此,谁能解决好给客户带来价值,谁就更厉害。我们需要不断解决问题,才能真正给客户带来实际的价值。

没有什么好抉择的,我们就是在不断解决问题。在这里面我们还发现更多的场景和价值,因为我们是做工业生产的,我们也不搞研究,最主要的还是要给客户带来实际的价值,真正能够降低生产成本、提高生产质量、提高生产效率,把这个问题踏踏实实做好才是最重要的。

最后,我们实现端到端交付的服务,国内做工业场景的服务商还是很多,但是真正能够把业务做好,给客户交付完整,在生产当中体现出价值,才是我们从业者应该继续思考的问题和打磨的东西。

程阳选:我觉得做机器人行业的人分为两类人。一类人的观点比较悲观,后疫情时代工业有一部分萎缩,需求量降低。也有一部分人保持乐观的态度,我自己就比较乐观。

第一,现在整个社会工业免不了需要人,但是人的老龄化是需要直接面临的问题,我们现在招聘一些流水线的工人越来越难了。

第二,以我们聚焦的光伏行业来说,电池片的搬运随着工艺提升,产品载具越来越大,离开了机器人没有办法生产。只要我们后续在产品上面下功夫、在交付上面做足了,我认为这样机器人的行业是不需要质疑的。

关健:我非常认同两位的观点。从战略角度来看,工业升级和自动化趋势的大势不可逆转,这是业界的共识,并有大量数据和事实支持这一方向。包括"机器人 +"产业活动在内的所有迹象都表明,柔性制造的根源在于消费升级,消费市场需求的定制化趋势明显。以苹果手机为例,从 iPhone 2 时代只有黑白两种配置,到现在拥有多种颜色、款式、大小和内存的多样化选择,充分展示了消费市场的需求变化。这种变化传导到制造业,使得大批量定制化生产成为行业的主流趋势。

柔性机器人顺应了柔性连接和柔性智能链的大方向,这一趋势在短期内不会改变。除非消费降级而且是大规模的降级,大家去除个性化,重新穿回一样的衣服、用一样的设备、开一样的车,从我们今天的视角来看是难以想象的,否则柔性智能链的方向将持续不变。

在大的战略上,我和几位一样持乐观态度,但在战术执行上我们必须非常谨慎,对市场保持足够的尊重。我们还有许多未知的领域需要探索,比如在晶圆加工等先进的高端自动化制造业中,人工问题可能只是最基础的一层痛点。

根据与国内头部晶圆厂客户的交谈,我们得知他们的用工压力非常大,一线操作工人的 MA 满配率只有 70%,30%的岗位招不到人。而且今年的数据只达到 49%,意味着工人的工作量增加,用工需求非常紧张。这只是我们目前能够直接解决的问题和价值所在。进入晶圆厂,我们会看到除了高端设备外,一个 8 英寸厂里堆了 7 000~8 000 个等待加工的晶圆盒,总共有八道工序,每道工序之间都有几千盒晶圆等待加工,这些都是高附加值的生产原材料。由于传统操作方式是由人工进行上下料搬运,保证高端设备机台(光刻机)稼动率的重要手段就是匹配更多的库存,随时待命以供抓取。然而,这种模式存在一个重要问题:人工抓取和装填原材料的方式无法保证机器的生产效率。

如何通过自动化的物流系统对接自动化的生产系统,使得全厂的数据和物质流转都能够闭合起来,让自动化生产(包括物流的部分)成为一个按需配送的模式,进而降低库存水位并释放出更大的现金流进入客户经营生产中,这是我们未来需要长时间探索、具有巨大价值的领域。

这个领域可能需要我们进行长时间的技术论证、商业论证和规模化论证。在规模化的基础上,我们才能尝试挑战创造更大的价值。而在未来更高层次上,当我们看到整个工厂从进料到原料仓一直到它的成品出仓,完全自动化、实现数据流程闭环的时候将是智能制造真正的起点,为未来的价值创造了巨大想象空间。

届时,在真正实现智能制造的过程中,最重要的可能是数据的基础作用。只有数据才是实现智能制造的基础和核心,也可能是未来智能制造真正的基础和价值所在。

袁建彬:刚刚主持人说到了核心的问题是对机器人这个行业的未来怎么看,也是我们集团转型的根本原因。

多位专家和领导都指出,当前问题的核心在于人力资源的短缺。以下是几组数据对此进行支持。首先,我国的出生率已经显著降低,甚至有些凄凉。其次,老龄人口的抚养已经比日本还要严重。另一个问题,我国是一个制造业大国,但去年全球机器人的产量不到 50 万台,而我国的服务机器人覆盖率接近 50%。"用工潮"和"用工荒"是推动该行业发展的主要动力。

在一些相关领域,机器人在生产上的应用已经比较普遍,比如整车、3C的覆盖率接近 100%,但仍有很多行业未能实现机器人的自动化生产。目前,我国正面临着严峻的托底问题。

第二点,与欧洲和美国的发达国家相比,我国的人机比相对较低。美国去年的数据是每万人拥有 500 台机器人,而我国去年是每万人拥有 260 台机器人,两者之间的绝对值相差两倍。但是,我国的人口是美国、欧洲、日本的 5~10 倍。如果我国的普及率与这些国家相同,那么机器人行业的规模将扩大十倍。

然而,一个行业的发展周期不可能太长。以 10 到 15 年的中长周期为例,如果我国复合增长率达到 1 000%,那么每年将有可观的增长率。因此,我对该行业充满信心。

张志远:各位嘉宾表达的第一个观点是,未来工业机器人的方向和赛道都是一致看好,非常看好未来智能化机器替代人的大趋势。那么第二个问题是,工业机器人面对的挑战和困难,以及我们如何解决这些挑战和困难呢?

关健：站在我的角度来看，最大的挑战在于我们面对每一个新探索的行业都有一片很深的 Know-How 场景。

举个例子，2019 年，我们开始布局半导体晶圆生产。这个行业是个相对封闭、专业的领域，自动化、标准化程度极高。

但是激光导航机器人在许多加工制造业中是个新鲜事物。在每个细分领域的应用，都可能带来实质性的改变。让我们回顾一下这个领域中的一些特性要求，例如洁净等级。在晶圆生产过程中，百级无尘车间是常见的。这种环境下移动机器人所面对的问题是多方面的。比如轮胎与地面必须通过摩擦力才能使机器人前进，如何实现这一点同时不产生粉尘污染呢？这需要吸风系统附着在机器人轮胎的某个位置上。另外，晶圆片背面减薄工艺对震动等级极度敏感，如何在行驶、抓取运输、上下料过程中保持低于 0.2 倍重力加速度的震动等级？

针对不同行业的特点和标准，例如半导体行业的通讯协议等等一系列问题需要解决。不同行业的伙伴都在探索他们关注的细分领域，逐渐让移动机器人被制造业接受。我们看到不同行业开始尝试使用移动机器人的方式提升他们物流自动化的程度。

在这个过程中，我们面临许多新的挑战和新的场景需要探索。我们看到越来越多的行业深度认知，需要用机器人去学习和理解。我们可能已经过了机器人企业单打独斗的时代，更多需要产业链的上下游协同。比如协作机器人、工业视觉、传感器、机器人专用的电源，小到一个机器人的零部件、轮胎、减速机等零部件设备，从上游到下游再到软件平台，我们看到正在形成一个初步的生态。

下一步最大的挑战可能是，能不能够跟随时代发展的速度，快速形成满足需求的完善的生态是我们最需要面临的一个大话题。

张志远：蔡总也提到了人才和产能的问题。海康机器人作为细分行业的龙头，作为巨无霸会面临什么挑战吗？

蔡化：机器人是人才非常短缺的行业。不管是移动类型的机器人，还是现在需求量比较大的工业机器人，机器人设备的复杂度都比较高，因为涉及整个从光机电算软、机电到人工智能等多种学科，包含的种类比较多，有方方面面的知识。在复杂结构的情况下，对于人的要求就很高。

尽管机器人是智能化的设备，但其中仍有许多关键零部件的核心技术尚未取得突破。从人才的角度来看，我们需要在基础学科和基础技术领域中进行更深层次的探索和打磨。

现在，这个行业已经逐步走向成熟，并开始向更高领域迈进。七八年前，我刚进入移动机器人行业时，我们需要花费一年的时间来向客户解释这个新技术的好处。然而，现在这个时代已经不再需要我们这样做。每个用户都清楚地知道他们需要这个技术，如果他们没有采用这个新技术，就会显得很奇怪。因此，我们现在需要做的就是对产品进行持续优化和迭代。

在半导体行业中，对系统精度的要求非常高，这已经不仅仅是设备精度的问题，而是整个系统精度的要求。在许多高精度行业中，我们已经达到了超越人眼精度的水平。

其次，从智能化的角度来看，机器人需要具备强大的柔性自适应能力，而不仅仅是简单的点对点自动化。这种自动化直接给用户带来的价值并不大。业主对此的认知已经很高了，因此，我们需要让机器人具备更多的自适应能力。

最后，我们需要实现人机协同的作业模式。尽管老龄化社会和机器替代人是我们常讨论的话题，但最重要的是机器和人之间需要形成有效的协同。这并不是为了替代人类，而是辅助人类完成那些不需要他们亲自完成的工作。在应对复杂性要求时，机器的适应性越来越强，这也给我们从业的人员和公司提出了更高的要求和挑战。

张志远：富仁集团有20多年的历史了，2018年开始你们提出进军机器人行业，对于大型的集团型公司来说，进入机器人行业的过程中遇到了什么挑战吗？

袁建彬：我们为什么选择研发自动加油机器人？其实，这与我们的行业背景密切相关。我们十分清楚,在一些高寒地区,工人往往不愿意在恶劣的环境中加油;而在炎热的夏季,谁也不愿意身着防静电服在户外进行加油。解决这类痛点成为我们的首要任务。

当我们谈到"用工荒"的问题时,我们意识到需要寻找解决方案。经过五年的努力,我们已经成功研发出了自动加油机器人,它们正在西安、西藏、成都的大运会上投入运行。然而,我们也发现,机器人的加油效率并不尽如人意,特别是在打开油箱盖、油箱按钮按压时间以及油箱盖的精确加注等方面,仍有诸多技术瓶颈需要突破。

目前,我们正面临着行业人才短缺的严峻挑战。自动加油机器人在国内的发展相对滞后,应用场景也相对较少。尽管全国有近10万家加油站,但据我所知,目前使用自动机器人加油的站点不超过10家。这一领域的应用前景十分广阔,然而作为高危行业,如何突破技术瓶颈是我们当前面临的最大挑战。

要应对这一挑战,我们不仅需要上下游协同作战,还需要技术的互通有无。此外,我们还应该借鉴美国和英国的经验,在关键领域加大国家对基础学科的投入,以保护那些专业相对狭窄但具有重要作用的学科,如数学、物理和光学等。这些领域需要政府在政策扶持和配套方面做出努力,确保相关专业的学生能够获得稳定的就业保障和发展前景。同时,我们也应加强企业间的合作与交流,共同推动技术的进步与发展。

张志远:刚刚不止一位嘉宾提到了人才、产品、技术,我们都知道技术的进步和迭代非常快,而且机器人不光是软件还包括硬件,是一个综合的学科。我想请问各位嘉宾,从整个产品和技术的迭代以及发展的角度,未来您觉得我们产品和技术的重点发展方向是什么?需要攻克的点在哪里?

程阳选:如同人类一般,机器人需要对外界有感知才能进行有效地控制。为了保证精准控制,我们蓝芯科技一直致力于研发3D感知技术。

通过3D视觉技术为机器人赋予了观察周边环境的能力,就如同人类使用眼睛观察世界一样。我们的全视觉机器人具有语义识别能力,能够在环境中识别出人和物体,如果感知到的是人,机器人会发出提醒让人让开,如果是物体,则可以主动绕开。这种基于环境感知的可靠性增强了机器人的安全性。这是第一点。

第二点,关于产品是做成标准设备还是定制设备,我们一直在探讨。我们认为,不能脱离实际应用场景设计产品,不能脱离客户需求做方案。为了满足不同场合、环境、对象的需求,我们根据所聚焦的 3C、锂电、光伏等行业定制开发专用机器人,同时,针对不同的客户车间情况和不同的需求,提供针对性的整体解决方案。

第三点,关于解决方案,机器人的企业需要认识到,客户的需求不仅仅在于从 A 点搬到 B 点完成任务。客户更希望产品能够帮助他们的企业提高生产效率。

例如,我们需要考虑原材料在哪里存储?需要存储多少?生产节拍如何?如何有节奏地进行搬运?搬运后怎样存储?生产完成后存储在哪里?信息流应如何流动,以实现更高效的生产管理?为了满足这些需求,我们站在客户的角度提供整体解决方案,不仅限于机器人本身,而是精益思想引入其中,全面了解客户需求,最终提供完整的解决方案。

蔡化:海康威视作为一家在 3C 行业深耕已久的企业,面临着小批量多批次的生产难题。如何在此基础上实现敏捷制造,是我们必须直面的问题。这不仅涉及消费电子领域的行业痛点,还与各家供应链、管理水平和能力息息相关。

硬件方面,我们一直强调的是标准化,只有通过标准化,才能实现大规模的生产和高效的物流。在软件方面,我们的目标是平台化。过去,工业软件大多是非标的,无法将软件变成一种产品。但事实上,如果将 70～80 个软件代码工程师投入到现场一个月来解决问题,这种看似负责、高效的做法,其实成本极高且难以持续。因此,软件一定要走平台化的路线,这也是全球众多成熟软件公司和国内一些优秀软件公司的共识。

此外,我们还需要在行业中提炼出场景,形成标准化的解决方案。如果没有标准化的解决方案,定制化工作将消耗大量的资源,对企业来说是极大的负担,最终难以实现规模化的生产。

张志远: 最后想请各位嘉宾分享对于"未来国产机器人具备自主研发能力,并且实现关键产业链配套布局"话题的看法。

袁建彬: 第一,机器人是未来蓝海的事业,值得在座的同仁投入。

第二,希望国家层面能够提供更多支持。去年的电车已经把日本整车出口干下去了,我们排到了第一。机器人这个蓝海市场国内本身有巨大的需求,我们又是生产制造大国。希望从国家层面上加大对技术学科研究的支持,对人才引进和保护。

第三,我们要把标准定出来供行业参照。

这三个方面如果做好了,我认为中国人做机器人大有可为。

关健: 这个问题本质上是一个如何集中优势兵力的问题,从个体企业的角度来看,我们可能没有足够的高度来总揽全局。然而,站在我们自己的角度,我们可以发现今年的工博会与三年前有着显著的区别。

在三年前,各家企业的产品尚且相近,但如今,我们已经看到了不同的定位、不同的导航,以及每家企业在过去的三年中都在探索不同的道路。每个企业都在努力找到自己的定位和优势,并在自己擅长的领域中集中精力去做一件事,就像对着一个城墙口冲锋一样。在这个基础上,我们一定能够开拓新的领域,整体上将机器人蛋糕的边缘向外扩展。

我们正处在一个相对早期的阶段,还有很大的发展空间。正如大家所提到的,未来的市场空间非常广阔。在这个过程中,每一家企业都在以自己的研发为基础,拓展自己小的、细分的机器人领域应用。虽然看起来这些只是小的洞口,但背后却可能隐藏着一片美丽的桃花源。

程阳选: 机器人的厂家很多,行业也很多,聚焦这个词我们一直在强调,聚焦很重要。一个公司人才、资金都是有限的,聚焦在某个行业、某个产品必然能够做精,这是第一。

第二,重交付。我们做了产品以后不只是签了单就是成功了,或者是开发出来就成功了,而是在客户的现场、客户场景里面用起来,让客户安心用我们的产品,如果客户相信我们、安心在用了,我们自然就能够在这个赛道里面成功了。

蔡化：其实海康接下来也在想,围绕我们最基础的东西就是智能感知,海康一直在做感知,前两天我们刷新了集团的战略就是智能物联,我们还是想通过感知的能力,把设备的智能化程度做得越来越高。

再就是关键的核心零部件里面还会做技术的突破,我们从底层打磨技术,首先把底层的图像、算法技术磨炼得更加优质,在产品端达到硬件标准化、平台标准化、行业通用化,给客户提供真正的生产价值。

张志远：谢谢各位嘉宾的分享。从市场需求、供应链管理以及未来技术的发展趋势来看,机器人行业无疑拥有巨大的增长潜力。在今天的讨论中,各位嘉宾的见解让人印象深刻。

蔡总强调了人才、标准化、产品和技术迭代的重要性。程总则分享了如何通过 3D 视觉技术与机器人结合,为产品注入新的生命力。关总谈到了通信行业半导体的技术突破,以及如何通过客户需求的验证,为整个产品软硬件结合做出重大贡献。袁总则展示了如何将科技与主营业务结合,为新业务注入活力,充分展示了工业机器人行业如火如荼的发展态势。

虽然由于时间限制,许多议题未能深入探讨,但我们希望今天的讨论能为大家提供一个分享和学习的平台。第一,我们坚信随着国产机器人自主研发能力的提升,未来将有更大的发展潜力和空间。第二,我们相信国产机器人具备自主研发能力,能够实现国产替代。第三,我们相信在未来,人与机器能够实现和谐共生的美好愿景。

中国工业智能化发展高峰论坛

编者按：2023 年 9 月 20 日，以"智者先行 工业新动能"为主题的中国工业智能化发展高峰论坛在上海会展中心洲际酒店举办。该论坛旨在围绕工业智能化的发展趋势、技术创新和应用实践等议题展开深入探讨，为中国工业智能化发展提供智力支持。来自全国各地的知名专家学者从工业智能化领域各个方面出发，发表了精辟见解，众多成功的企业家和行业领导者分享了在工业智能化转型过程中的实践经验和成功案例。

上海市经济和信息化委员会软件和信息
服务业处副处长何炜先生致辞

各位领导、各位企业家，大家上午好！很高兴我们在第 23 届工博会期间参加中国工业智能化发展高峰论坛，首先我谨代表上海市经济和信息化委员会对本次论坛的召开表示衷心的祝贺。借此机会也向长期以来关心、支持上海制造业数字化转型和软件产业高质量发展的各位朋友表示诚挚的感谢！

党的二十大指出，要坚持把发展经济的着力点放在实体经济上，推动制造业高端化、智能化、绿色化发展，促进数字经济和实体经济深度融合，推进制造业数字化转型是贯彻党的二十大精神，落实制造强国、网络强国、数字中国战略的必然要求，也是顺应产业转型升级趋势，构建现代化产业体系的必然选择。

企业是制造业数字化转型的主战场，制造企业的需求是催生数字化转型的主要动因。当前上海正全面落实布局《上海市制造业数字化转型实施方案》，开启新一轮数字化转型新进程。目前我们定的指标是到 2025 年上海数字化转型比例不低于 80%，工业互联网核心产业规模达到 2 000 亿元目标,有望完成制造业数字化转型目标离不开软件的支撑,工业智能化可以通过人工智能、机器学习、大数据、云计算等技术,对生产相关的数据进行采集、分析、处理,帮助企业实现生产的智能化和自动化,提高生产效率和质量,降本增效。

下一步将大力推进工业智能化发展,一是大力推进智能制造机器换人和视觉检测等新型工业应用,充分发挥工业大数据价值,推动工业软件模型化、智能化发展,推动现代比较火的 AIGC,垂直大模型、5G 大数据、区块链等新一代信息技术与工业软件结合,发展工业智能软件。重点聚集发展融合机器学习、人工智能、云技术、流程自动化的各个生产控制管理系统。

二是大力发展工业边缘计算技术,面向以上行业的加工无人化、柔性制造和智能化需求,研究基于云边协同的智能生产管控理论和方法,重点发展基于视觉的智能产线、零件加工质量、在线感知新方法。基于云端协同产能产线精度控制、运行调度、效能优化等新技术,针对云端化工业软件部署边缘侧功能分配,发展基于 MEC 边缘感知分析决策控制技术。

三是加快发展工业软件云化、智能化先进技术,鼓励工业软件企业上云,深化工业大数据创新应用,加强公共安全,推动消费互联网与工业互联网贯穿,推动工业软件云化架构、插件式算法框架等技术发展。鼓励工业软件企业打造开放的云技术生态,面向不同用户群体提供 PaaS 或 SaaS 服务,促进云服务的定制化,推动云服务产品的创新,重点打造工业仿真云、研发云等。

希望今天汇聚一堂的各位嘉宾能够主动担当作为,争做本市工业智能和工业软件产业的先锋官和先行者。最后预祝本次论坛取得圆满成功,祝大家工作顺利、身体健康,谢谢大家!

上海市工业互联网协会秘书长王旭琴女士致辞

尊敬的各位伙伴、各位同仁,大家上午好! 很高兴今天能够跟在座的各位企业家和同仁们共同参加 2023 年工博会,中国工业智能化发展高峰论坛。在此,我谨代表上海市工业互联网协会,向亿欧以及支持参与上海市制造业数字化转型工作的各位伙伴们表达由衷的感谢。

我们现在身处一个瞬息万变的数字时代，数字化、网络化、智能化正在逐渐推动工业发展的关键力量。数字化与工业深度融合也是以前所未有的速度和规模改变着我们传统的工业面貌，为工业发展提供新的思路和解决方案。

2023年政府工作报告里面强调了支持工业互联网发展和工业智能发展，有力促进了制造业数字化和智能化。对现在企业而言，数字化转型已经不是选择题，而是我们的必答题。和我们在座所有企业都是息息相关，分不开的。在这条路上，上海市工业互联网协会一直陪伴在各位企业身边。成立3年多以来，我们也是配合政府的各项工作，还有所有会员单位，包括像今天的亿欧，亿欧也是从协会成立一开始就一直在协会，我们一起服务制造企业和工业科技企业。

近期支撑经信委工作，形成两批25家"工赋链主"的培训企业。协会在经信委指导之下，陪伴这些工扶链主企业以数字化手段，更加深入地带动产业上下游的业务发展。后期协会也会支持更多有条件、有能力、愿意担当的企业成为未来的"工赋链主"。如果现场有企业在本行业做的是头部，也正在用数字化手段推动产业链上下游数字化转型，我们希望大家能够关注"工赋链主"这项工作。

这个月上海市"智慧工匠"选树正在如火如荼开展，协会也是结合整个市场的声音，以及上海市经信委重点工作，联合近15家行业协会和机构，包括像船舶、航天航空、医药、电力、汽车等行业协会，共同策划了工业软件案例竞赛，我相信大家也拿到了竞赛的情况。这个过程当中，我们为了让工业软件企业在切磋中一起共同成长，也抛出发展中遇到的真问题，让政府听到、看到，也是为了更好让工业软件发展。

在这个过程当中，希望制造企业能够看到工业软件优秀的落地案例，能够让他们对我们工业软件发展更有信心，能够用起来，用起来我们工业软件才能更好。今天主题是工业智能，不管是工业软件，还是现在信息化，或者是现在的数字化，只有当前面的基础都打好的，我们的智能化才是真正的智能化，而不只是大屏上的这些展示。

　　本次高峰论坛主题是工业智能化发展，今天看到非常多的知名企业家在这边，一会儿期待听到大家的真知灼见，共同的智慧和共谋发展。

　　最后，预祝本次高峰论坛圆满成功，感谢！

工业大模型在新工业革命中的
重要地位和作用

百度智能云智能制造解决方案总经理　　吴学义

相信大家都非常熟悉百度,百度公司成立于 2000 年,以搜索起家,当时李彦宏先生将百度公司定义为一家科技公司,使命是"用科技让复杂的世界更简单"。3 年前百度公司在港股上市,李彦宏先生更新百度定义为"拥有强大互联网基础的领先 AI 公司"。

这些年,百度逐渐将战略重心放到人工智能。大家在日常生活中非常容易接触到人工智能,比如在很多城市无人驾驶汽车已经可以在开放道路测试,使用 APP 打车可以打到无人驾驶汽车,体会到人工智能为生活带来的便捷。

去年生成式人工智能 AIGC(Artificial Intelligence Generated Content)火爆,如 ChatGPT 等产品诞生,代表着人工智能进入新的阶段。大模型时代来临,将在生活、工作、生产等很多领域对我们产生影响。今年 3 月,百度公司隆重推出了文心一言产品,也是国内第一家正式推出基于 AIGC 的产品。

今年 8 月 31 日文心一言产品对全社会开放，很多大型应用商店可以下载 APP，可以非常便捷地使用大模型、AIGC，智能实时对话。

大模型对产业会有什么样的影响？将对工业带来什么变化？很多企业、机构、大型科技公司都在探索，文心一言与非常多的伙伴、客户联合进行大模型解决方案研发。通过半年多的努力，在技术、产业等很多领域都有比较好的成果。百度文心大模型在 IDC 评测的 12 个标准中，7 个标准得满分，综合能力达到比较先进的水平。如今很多企业与我们联合探讨，如何赋能 AIGC、大模型，15 万家企业申请大模型测试，300 多个合作伙伴与百度联合，基于人工智能、大模型探索能够帮助企业降本增效、提高效率的解决方案与产品。

进入大模型时代，企业数字化转型架构也全新升级，从原来的芯片、操作系统和应用三层架构，升级成为芯片、框架、模型、应用四层架构。底层是芯片层，如百度昆仑芯，昆仑芯二代是 7 纳米技术。芯片之上是框架层，主流框架包括百度飞桨，有 700 万左右生态开发者使用。框架上面是模型层，大模型成为人工智能时代的操作系统，所有应用都将基于大模型开发。模型之上是应用层，包括各种各样的 AI 原生应用。行业应用结合很多伙伴和客户在打造不同场景，打造不同领域人工智能模型，帮助企业进行智能化改造和升级。

百度投入人工智能已经超过 10 年了，在芯片、框架、模型、应用四层有全栈布局，在关键核心技术攻坚上，百度在四层架构都有自主研发的领先产品和技术，因此可以进行端到端的优化，迅速提升大模型训练和推理的效率。文心大模型是完全自主可控的，做到了数据可控、框架可控、模型可控。文心大模型基于已有知识，结合很多行业打造了能源、汽车、制造等不同领域的大模型，许多已经落地。现在基于大模型，百度推出了百度开物工业互联网平台，去年以第一名的身份进入了国家双跨工业互联网平台。基于大模型，结合开物工业互联网平台，全新升级新开物平台。新开物平台将会从产线级到企业级，再到产业级，全面通过人工智能大模型技术对这些场景、企业、产业赋能。

下面我将从这几个方面为大家简单介绍我们的方案和案例。

第一个应用场景是质量管控。质量管控中的质检环节在传统制造业中有很多痛点,比如说人力消耗大、质检质量不一样等。原先我们通过 CV 解决,但也存在需要很多样本、研发周期长、准确率待提升等问题。如今通过大模型技术,可以解决这些问题。

第二个应用场景是安全生产。在很多行业领域,安全生产都是非常重要的,原先安全生产管控主要使用人工,效率比较低。我们能否通过大模型技术,人工智能技术协助,快速了解安全生产态势,快速找到解决办法,进行联合调度。

第三个应用场景是工艺优化。工艺属于生产过程中非常核心的环节,很多领域工艺都依赖于老师傅的经验,但每个人的经验不一样,当遇到工艺需要调整参数的情况,一般都是老师傅根据经验反复调试,整体效率不高。

第四个应用场景是生产调度。一般情况下,企业通过人工调度,但人工效率非常低,生成的调度方案往往也都不是最优的,对生产成本、效率有比较大的影响。举例矿山行业,矿井下面作业需要人、车、生产设备等,都需进行调度。原先是通过人调度,调度方案由人制定,一般用白天或一天时间制定一个计划,很难动态快速调整到最好的目标。后来通过大模型技术打造智能调度产品,提高了车辆使用率,节省了很多人力成本。

企业智能,人工智能在企业研产供销有很多应用,同时延展到企业的运营管理、集团化管理,如何更好地应用数据,怎么让企业管理者快速捕捉企业生产经营状况,对未来决策有更好的评估和预判。企业智能化后,生产运营管控模式会有很大的变化,企业管理时无需很多表格或系统的菜单栏,就可与人工智能大模型对话,能够准确地提供有效信息,再将要执行的任务快速下发,这就是人工智能大模型能够为企业级带来的转变。

最后讲一下产业,很多产业都可以通过人工智能,在每一个环节或者很多重要环节有比较好的实践。比如一块铁,从最初从铁矿山里采出来,到安全质量管控,包括冶炼,通过智能化算法,对高炉、退火炉、加热炉进行管控,对铁变成钢板进行检测等,这些都可以通过智能化方法来帮助企业降本增效。

　　总体来说,人工智能技术已经达到新的水平,工业、产业领域有很多值得继续探索的智能化场景,希望能够联手更多伙伴、客户,一起在工业智能化道路上贡献力量。

实现从战略管理到业务价值的跨越

羚数智能创始人、CEO　**郭文蔚**

大家一定会非常好奇,羚数是什么样的一家公司。上个月经信委的吴金城主任到羚数调研工作的时候,跟我们讲了一个很有趣的事。他说我们上海有三家"羚数",有做汽车智能的羚数,是上汽集团的;有做区块链的羚数;有做工业智能的羚数。每一家羚数都是这个行业当中的佼佼者,我们也非常受到鼓舞。

从定位上来讲,羚数是一家为制造企业构建领先数字化管理和运营范式的企业。我喜欢把它称作是一家成立时间很短的"老企业"。为什么这么说?因为我们成立的时间非常短,近几年由一大帮理想主义者创立的。然而,整个团队在工业智能化、数字化领域当中已经摸爬滚打超过15年。

这两年时间我们也取得了一些小小的成就,有40多项国家和省级专业资质,同时也是上海市"专精特新"企业,上海市首批规上制造业企业数字化诊断服务商,也是唯一一家由创业型公司承担这个责任。

过去两年多,我们拿到50多个重要奖项与荣誉。其中包括今年刚刚结束的人工智能大会中工业垂类的蓝领奖,来佐证羚数实力。在整个工业垂类场景中,羚数真正能够把 AIGC 相关应用落地到客户的实际场景。同时,我们也是去年 IDC 在工业领域报告中,被定义为工业领域范围内颠覆整个行业的创新者。

过去羚数也获得很多资方的青睐,包括银杏、红杉、双湖给了我们非常多的支持。短短时间内,我们已经服务多个双千亿、双百亿的顾客,包括像正太集团、延锋汽车、吉利汽车、法国圣戈班集团、上汽集团,这些都是羚数成功服务过的行业头部,具有行业引领和代表性的企业。

我个人很荣幸能够在过去十多年投入到制造业的浪潮当中,亲眼见证并参与中国制造业快速发展的时期。截至 2021 年,针对制造业智能化、数字化范畴,我国已经有 300 多项国家标准,1 000 多项主要政策支持。国家在这个层面对制造业转型、数字化、智能化赋予了非常多的支持,也给了我们很多责任。

与此同时,制造业企业在数字化投入上的变化也非常显而易见。制造业投入的年复合增长率接近 10%,在很多行业当中处于领先地位,2026 年这个规模能够达到近千亿美金。

2018 年我曾参与过智能制造能力成熟评估的一个国标制定,国家把规上制造业分为 5 个级别。刚开始有国标的时候,发现两级以上的企业很少,不到 25%。经过过去四五年的时间,二级以上占比已经达到 37%,1/3 以上企业从最初 1 级爬坡到 2 级、3 级,甚至 4 级、5 级的水准,增长率非常快。

制造业作为非数字原生的行业,与电商、直播这些数字原生行业的数字化水平没有办法进行比较,差距很大,数字化渗透率只有 24%。可能大家对这个数字会觉得很陌生,觉得很低,其实这已经是非常了不起的数据了。欧美发达国家从 1840 年开始做工业革命,数字化的渗透率也只有 30%。中国在过去 15 年、20 年数字化的过程当中,已经取得了非常明显的效果。

然而,任何行业发展到一定阶段后,一定会面临新的挑战,这是不可避免的,也预示着我们在上一个阶段取得了非常不错的成绩,然后带来了新的挑战。羚数与合作伙伴、客户,非常敏锐地发现到一些问题,这些问题与挑战恰恰给了在座很多从业者更多的机遇。

目前制造业大部分数字化还停留在业务流程,从第一步到第二步到第三步,极少能够直接面向所谓的业务价值,更多谈论的是功能和流程。大部分数字化实践停留在部门级,或者工厂级别,与企业本身整体战略是脱节的。很多企业在制定集团化战略或者经营战略指标时,并没有把所谓赋能指标拆解到一线职能部门或者操作员工身上去。

这导致大量一线的执行数据缺乏体系化的聚合,难以支撑企业业务洞察决策。我曾经与一家很大型的上市企业 IT 总交流,他说我们积累了大量的基础数据,过去十年整个 IT 部门有上百人,都在做基础数据的建设,时至今日发现这些基础数据很难抽象转变为业务数据。作为一家制造企业,没有抽象聚合这些数据的体系。

在制造业数字化转型过程当中,这些问题依然在给大家带来困扰。我再举一个例子,曾经有一个华东非常大型装备制造业的客户,ERP、MES、WMS、BI 等系统能够上的几乎全上了,但是所有部门意见都非常大。生产交付负责人说搭建了非常不错的线上化,平台从订单到整个交付流程都实现线上化,但当产线出现一些异常或者工程变更时,标准化执行偏差却没有办法进行闭环执行。厂长说我每天要看的报表已经有几百张,如果每天新出一个想法,从另一个维度去思考,还得再出三张报表,这么多报表不知道该看哪张。集团领导又说每年都要制定战略,每个月都要开战略会,战略会层层传达就变样了,而且没有办法贯彻和落实。这是非常典型的集团化企业遇到的问题。我们在走访交流过程当中,70%的集团化企业都会遇到这样的问题。

羚数针对这些问题提出了一个产品矩阵,通过业界首发的 Lead Metrics(羚数战略指标管理平台),帮助客户抽象建立从集团性战略到业务级闭环执行流程,无缝打通全链。

通过 Lead OS 运营系统,羚数帮助客户在逆向流程发生时,完全补充正向流程产生的差异,正向流程恰恰就是我们的 Lead MOM,帮助客户解决最基本的线上化、数字化问题。这些所有的基础是我们推出的 Lead Hub(羚数企业级超融合平台,帮助企业实现异构数据和服务的互联互通),包括 AIGC 垂类工业领域应用、智能模型,帮助客户搭建整个数据化的整合、抽象和聚合分类。羚数这一套产品矩阵在很多大型客户上已经落地,并且达到非常好的效果。

Lead Metrics 做的工作非常多，从工业领域上来讲，AIGC、体系管理、工业知识沉淀等。我们认为工业软件更重要的还是在工业本身，软件有软件的定义、技术和实力，工业的壁垒、工业知识的壁垒同样是一家服务商不可缺少的。

羚数的 Lead Metrics 定义了八大行业的行业模板，有 52 个大类，716 条规则，帮助客户抽象搭建在工业领域的指标体系。我们帮客户做拆解，一层、两层、三层，帮助客户在战略管理到指标运营过程当中，发现指标异常并给出原因和解决方案，形成一个改善的闭环。在这个过程中，我们还把知识沉淀了出来。通过大模型，我们在垂类 AIGC 的应用，工厂新建、产线扩产、产能扩充的时候，帮助客户把最好的经验进行复制。

这个过程当中势必会应用到一些正向和逆向的流程，Lead MOM 提供四大场景，300 多个功能，梳理制造过程当中的正向流程。同时在逆向流程发生的时候，Lead OS 提供 21 个大模块，107 个功能，帮助客户在逆向流程产生的时候补足差距，形成闭环。

羚数为客户提供 Lead Hub，通过超融合的技术，帮助客户在多系统对接异步数据、跨源数据，通过动态捕获超融合方式，无感做到全链路、全供应链数据支撑。

我们非常高兴看到很多客户在进入数字化新生代过程中，当他们衍生出更高阶的问题时，羚数能够帮助他们解决难题并取得非常好的效果。我们希望与在座各位同仁、各位领导、各位专家，一同把数字化管理体系赋能给中国的每一家制造业，帮助中国制造业稳步完成数字化的变革，共同见证祖国从制造大国走向制造强国。

构建下一代云基础设施助力企业数字化转型

优刻得私有云产品负责人　**吕勇锋**

大家好，我是优刻得私有云产品线的吕勇锋。在前面的分享中，我们了解到了一些工业行业应用和软件的专业知识。接下来，我将主要探讨工业行业和数字化转型领域中，优刻得如何提供云计算——这个数字时代"水电煤"基础设施，以支持上层数字化转型、AI智能应用和大数据分析等工作的开展。

首先，我将带大家了解优刻得这家专注于云计算的公司。优刻得成立于2012年，是中国的第一家云计算科创板上市公司。我们以公有云、私有云、混合云、边缘云等多种解决方案，为各行各业的数字化转型或应用提供全面的支持。无论是计算、存储、网络的IaaS能力，还是数据库、中间件、大数据、AI等PaaS组件，我们都有涉及并具备强大的实力。

接下来，我将给大家详细介绍一下我们的服务。经过10年的公有云运营经验积累，我们可以为各行各业的企业客户提供公有云和私有云服务，并积累了丰富的经验。目前，我们已经拥有超过100个云服务产品，并为超过5万家企业级客户提供服务，其中包括400多家上市企业。

　　针对工业行业和传统行业的数字化转型，我们首先强调的是数字化转型战略的调整。我们要将过去物理级或虚拟化的基础设施理念转变为云化的基础设施平台。通过智能调度、虚拟化、软件定义等方式，将异构资源统一管理，提高资源利用率，提升运维效率，并总体降低信息化"水电煤"的成本。

　　其次在数字化转型的过程中，企业会产生大量的数据。如何让这些数据产生价值？我们将通过建立大数据平台，通过大数据分析，从海量数据中提取有价值的信息，从而帮助企业做出正确的运营决策，实现业务导向的引流。

　　同时我们现在所面临的是一个充满机遇和挑战的时代。无论是在国内还是在国际上，各行各业都掀起了新的热潮，自主可控、国产化、信息创新成为业内的焦点。这种趋势不仅仅在底层基础设施层，更涉及上层应用层。从芯片到操作系统再到应用，我们都应该减少对进口产品的依赖，提高国内应用硬件的自主可控能力。

　　最后，随着 ChatGPT 的火爆，我们看到人工智能正在被广泛地应用。前面有嘉宾曾指出，通过 AI 应用，可以实现智能化业务流程，进一步提高数据处理的决策能力，帮助企业在这个过程中实现自动化进程。

　　优刻得作为一家专注技术底座的公司，我们主要提供各种应用的基础设施平台。我们可以为上层工业应用，以及下层各种计算存储网络设备和物联网传感器等，提供全面的统筹规划。通过我们提供的方案，企业可以降低在数字化转型和 IT 基础设施方面的门槛，轻松地进行基础设施转型战略调整。

　　在基础设施方面，基于优刻得公有云十几年积累的能力，我们为客户孵化的私有云，为各个企业应用提供虚拟化、存储、网络以及云原生容器等技术支持，同时还可提供 PaaS 数据库、中间件和更上层统一资源管理平台等。通过一套云平台，资源智能调度并统一运营运维，结合自服务门户，企业可全面托管平台所有资源，提高运维效率的同时，大力降低总 IT 成本投入。

　　在数据驱动决策层面，优刻得凭借多年的技术积累，推出 USDP 智能大数据平台，可实现大数据的采、存、管、用、分析等全链路组件集群自动化搭建和运维管理。使用我们的大数据平台,企业可以轻松便捷地构建自己的大数据平台,并且不需要太多的运维人员就能轻松地进行平台的管理和运维。在这个数据驱动的时代,我们的目标是为企业提供更高效、更便捷的数据解决方案,帮助他们在快速变化的市场环境中获得竞争优势。

无论是私有云还是企业级应用,或是大数据平台,它们都需要各种各样的数据作为基础。包括大数据和人工智能平台,它们都离不开数据基础进行深入分析和模型训练。那么,这些数据都存储在哪里呢?优刻得提供了数据湖存储能力,通过一套存储平台 UCloudStor 为各种上层云平台、互联网应用及传统应用提供统一存储能力,进行结构化(如数据库和表格)、非结构化(如图片和影视文件)乃至半结构化的数据存储和管理。

上个月,我们刚刚基于云原生平台发布了 K8S 安全容器管理服务。这款管理服务特别适合现在的 AIGC 算力调度平台,可以通过容器轻松调度 GPU、CPU 及异构国产化芯片。以前用户需要手动搭建 K8S 来完成这些任务,但现在通过我们的全托管式 K8S 集群,用户只需在平台上轻轻一点就可以轻松搭建起来这套托管式平台。

我们使用的容器技术是轻量级虚拟化容器,它可以与底层虚拟机、私有云共享计算资源,直接使用物理节点同时承载虚拟机和容器,一机双引擎。同时可复用云平台 VPC 网络、存储、负载均衡及各种数据库组件。这使得用户在容器平台上能够实现运维零关注,同时还可以运用到云平台的统一运营能力,例如多租户、计量计费、报表统计等。另一方面,尽管这是全托管式的,但同时它也兼容原生 Kubernetes API,可以为用户提供原生工作负载、服务发现、弹性伸缩及 Devops 服务能力。

我们公司是纯内资企业,坚持自主研发,整体云平台自主研发率达到了96%以上。我们的云平台从芯片至应用全面兼容国产化信创生态适配,无论是从国产龙芯、飞腾、华为鲲鹏,还是海光、申威及兆芯等处理器,都能在我们平台稳健运行,并为上层提供国产化信创云服务能力。

我们可以通过 AIGC 赋能云平台,使云平台能更加丰富,通过 AI 的能力,将运维监控更加智能化、体系化。另一方面,可以为 AIGC 大模型行业提供基础算力底座,如为 AIGC 行业垂直行业大模型提供算力调度。垂直大模型更多使用 GPU 的能力,如何有效调度 GPU 算力资源,并为 AI 大模型提供高性能的网络和存储能力。

AIGC 大模型在做训练的时候,它对网络和存储要求是非常高。我们平台通过一系列自主研发,通过容器、RDMA 网络等,帮助它解决网络和存储方面的性能问题。同时还可以通过私有云智能调度及应用封装能力,让大模型应用实现一键部署并快捷地进行微调推理。同时我们还把市面上开源的大语言模型及 AI 绘画模型封装起来,通过一体机的模式软硬一体交互给我们的客户。

我们内部也做了一个 AI 绘画应用,以前做设计的时候,PS 作图效率非常低下。这时候通过 AI 绘画模型调度底层算力,通过 SD 模型(Stable Diffusion)输入需求参数,就像你和 ChatGPT 聊天一样,快速输出你想要的图片。

现在无论是工业互联网还是工业行业都在做数字化转型尝试和探索,这过程中他们都会遇到哪些问题?我接下来举一些例子。首先是建龙重工集团,帮助工业制造行业加速数字化进程,建龙重工是做钢铁的,这是咱们国内比较出名的钢铁集团有限公司。它们在全国各地除了自己的集团,还有 14 家钢厂分支。以前 IT 构建模式都是"烟囱式"的构建,形成很多数据"孤岛",运维管理比较复杂。每个厂子运维 IT 人员专业技能比较薄弱,难以支撑数字化转型运维。UCIoud 为集团和 14 个分厂提供了一整套云,可以支撑它建设集团中心云和各分支云,统一成多中心、多分支数字底座。

通过这个数字底座可以统一管理资源,无论是以前的物理机、设备还是应用都可以在这个平台上统一部署。这可以在降低成本的同时,改变它们"烟囱式"应用构建的模式。我们的产品支持自服务门户,在界面上可以轻松一键构建出来虚拟化应用运行环境,还解决了网络时限的问题,通过一套云平台管理起各钢厂分支云部署的 Mes 等工业制造应用,实现了就近承载生产业务,集团云部署 PaaS 及 OA 等应用,并通过虚实异构资源管理进一步简化基础设施,这大幅提高了他们的运维效率,将以前需要十几、二十人的运维团队进行收缩,降低 IT 总投入成本。

接下来,我想再分享一个案例——新疆大全。他们专注能源领域的研究,我们帮助其构建了一座私有化大数据分析平台。主要目标是协助他们精准控制电力,并提供一个厂区大数据分析平台,专注于生产经营方面的电能消耗管理分析。通过我们的 USDP 大数据平台,我们成功地为他们建立了一个私有化大数据分析平台,既确保了数据的安全性和隐私性,又降低了运维成本。

新疆大全的案例中,我们通过 USDP 大数据平台,解决了偏远厂区网络延时的问题。通过 UCIoudStack 私有云底座,构建了 USDP 大数据平台。最终采用一体机交付模式,简化了供应链,并实现了快速部署。

此外,我们充分利用了 Hadoop 开源技术生态中的 30 家组件,实现了大数据采集、存储、流批计算、分析展示、MPP 数据库等一系列架构和技术的完全掌控。

这套平台的应用不仅实现了精准的电控管理,还优化了他们的用电管理性能。更重要的是,用户无需大数据专属团队即可轻松构建和运维大数据平台,只需关注上层业务即可。

最后,请允许我分享一个国内某顶级 EPC 企业数字化底座的成功探索案例。他们面临资源利用率低、缺乏集中管理和高可用性的挑战。通过我们的软件定义计算存储网络,我们提供了资源智能调度、数据高可用性保障等多项服务。我们还通过多数据中心统一运营管理的方式,帮助他们实现了资源所见即所得。

除了刚才讲到的私有化解决方案,优刻得本身是一家做公有云的厂商,我们在海外部署了很多节点。全球有 32 个数据中心,同时在乌兰察布、上海青浦构建了自建数据中心。通过这两个中心提供客户具备高性价比的产品,满足客户业务的海内外布局。

通过自建数据中心,优刻得最终帮助用户建设混合云解决方案,可将稳态应用部署在混合云区域,保证业务和数据的安全性和合规性,将需要敏捷、按需付费的应用部署在公有云,保证业务的可伸缩性,公有云和私有云业务从数据面和管理面打通,统一管理的同时降低总 IT 投入成本。我们认为混合云是未来几年内国内数字化转型、企业上云的主流趋势。

以上是我代表优刻得带来的下一代云基础设施的分享。

让离散制造不再离散

中之杰智能创始人　苏玉学

各位嘉宾大家下午好，我今天分享的主题是《让离散制造不再离散》。前面的"离散"指的是制造形态，而后面的"离散"则不仅包括制造形态，还包括人、组织和文化。

制造业数字化转型正当时。VUCA（不稳定 Volatile、不确定性 Uncertain、复杂性 Complex 和模糊性 Ambiguous）时代来临，全球经济不确定性增强的背景下，数字经济已经成为全球经济发展的重要力量。我国是第一工业大国，在数字化转型的今天，制造业群体该何去何从？

去年我国数字经济总数达 50.2 万亿元，GDP 占比高达 41.5%。但是与其他发达国家相比，我们的数字化渗透率相对较低，仅有 20.4%，尤其与制造强国德国 45.3% 相比，还有一定差距。

在新一代信息技术蓬勃发展的今天，制造业数字化转型成为所有企业都不可回避的主题。在制造业数字化转型诸多因素中，排在前 5 位的分别是企业发展战略、产品创新需要、人力成本增加、行业发展趋势、国家政策指引。

我们发现,在消费主权崛起之后,日常消费中的需求越来越个性化。在当今制造业领域,谁能够解决个性化的问题,谁就能占领制高点。比如德国西门子认为它们所谓的工业 4.0 就是建立个体化生产组织体系,美国智能制造标准也是个性化。中国两大制造业态,一个是流程行业,一个是离散行业,都对此有很大的需求。

以汽车产业为例,现在随着新能源汽车的蓬勃发展,过去大批量、多场景标准化生产方式已经转变成小批量、个性化、多品种、变更多的生产方式。

再看一下家电行业,它同样面临着很大的挑战。比如说产品个性化强、升级换代迅速、生命周期短、订单变更频繁,而且季节性特点强,产品预测比较难。市场对家电供应链要求也非常高,我们曾经在中国一个百强县(慈溪)走访了 42 家小家电制造业企业,发现它们的供应链一般不超过半径 10 公里。为什么?因为它是以注塑和组装为主,对供应链响应要求非常高。

再就是机器加工行业,随着个性化的要求越来越高,竞争力结构发生变化。同样是小批量、多品种生产方式,产品工艺过程经常变更,同时它也是按订单组织生产预测。

宏观看,数字化转型过程受诸多因素的影响,客观因素上比如说资金不足、人才不足、技术薄弱,加上没有先进的经验、成熟的方法借鉴等,导致企业现在经常出现不敢转、不愿转、不能转、不会转、不擅转等现象。我相信随着国家推出第一批中小企业数字化转型试点城市,以及建设步伐的加快,这个问题在一定范围内会得到逐步解决。现在第一批有 30 个城市参与建设。

除了客观制约因素以外,我们发现还有认知上的问题。有的企业盲目跟风,有的没有结合自己公司的实际情况,有的缺乏总体布局想一步到位等。其实数字化转型是总体规划,分阶段实施,逐步推进的。有的企业内部不统一,认为转型就是营销端,忽略研发端、制造端和服务端。实际上,数字化转型的过程中,头部企业已经做了示范,大量中小微企业还没有参与进来。

数字化转型能给企业带来什么价值?概括起来就是 12 个字:节本降耗、提质增效、生态构建。转型的本质是要重新进行资源优化组合,提高企业核心竞争力,转型就是生产力和生产关系的变革重组。要想获得转型成功,从方法论上要了解一些关键的核心要素。我们常说它是"一把手"工程,今天数字化转型同样还是以深化价值链为目标,用数据进行驱动打造的动态生态组织。

在不同的产业集群中,转型的展现形式各异。以长三角和珠三角为例,这两个中国经济的重要区域已被我们抽样分析,从中发现了转型的主要趋势。其中,中小企业产业集群试点城市建设已成为一种主流趋势。国家已经陆续批复了五批专精特新"小巨人"企业,这些企业将会成为制造业数字化转型的重要力量。

回到主题,离散制造业的数字化转型必须面对小批量、多品种、个性化、多变和交期短等问题。

以汽车、家电、机械制造三个行业为例,可以发现过去大规模标准化场景在今天已经不适应了,要有一种新的技术路线解决制造业车间现场管理问题。也就是说,制造业车间现场管理问题上的老地图已经无法发现新大陆,而历经 16 年自主创新研发的德沃克智造,通过"一转、双改、双模"技术的创新应用,很好解决离散制造业的现场管理难题。它是新一代工业软件,针对这一点我接下来重点分享。(见图 4)

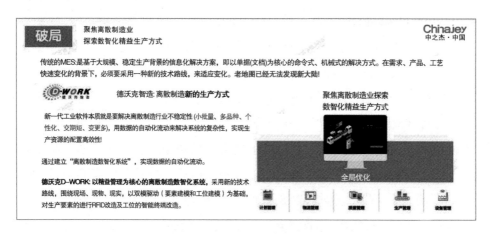

图 4 德沃克智造解决离散制造业的不稳定性

德沃克智造体现精益思想,把日本丰田源起的 JIT 生产方式很好嵌入到产品架构里面。生产过程中,德沃克智造尽最大可能消除七大浪费,以此提升企业的价值。(见图 5)

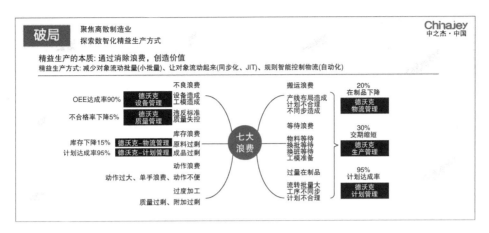

图5 德沃克制造消除七大浪费

过去几十年离散制造业车间现场管理中有一个很大的问题,就是物单合一比较难实现,很难做到数字化、智能化。德沃克以电子周转箱为业务流转载体,聚焦现场、现物、现实,一切体现精益思想,很好地解决了这个问题。

德沃克通过以物料为核心的物联网和以微服务事件为核心的物联网,聚焦制造的协同层、北向链接管理层、南向融合控制层,实现人机料环法测实时协同与生产透明化、自动化。

这个创新产品理念有以下五点,1个中心、2个改造、3个100%、4个算法、5个模块。(见图6)

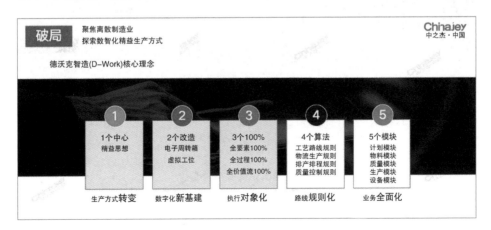

图6 德沃克智造核心理念

举一个案例,德沃克对一家年产值 5 亿元的离散制造业进行数字化改造升级后,带来了 1 050 万元的成本节省。大家看这 1 050 万元怎么构成? 在制品下降 4 500 万,按照银行贷款利率每年节省 200 万元左右,现在利率下降了可能好一点。安全余量下降 600 万元,人员精简 15 人,节省 225 万元,通过改造每年节省 225 万元。这个项目数字改造软件部分投入大概是 150 万元,接下来获得的成本下降都是回报。

大家知道集装箱的出现成就了国际贸易,包裹单的出现铸造了电子商务的辉煌。我们说电子周转箱的出现,将开辟数字化制造的新时代。为什么这样讲? 接下来会重点分享,刚才提到创新技术,就是"一转、双改、双模"。所谓双改是电子周转箱和虚拟工位改造,双模指的是工位建模和要素建模。

德沃克智造对比传统车间制造执行系统与解决方案有什么不同? 传统的有两种模式,一种以"机"为核心,自下而上,物料和工单围绕机器转,解决点的效率。还有一种是以"单"为核心思想,是自上而下,机器及设备围绕单据转,通过解决订单达成率,实现线的效率。德沃克智造是以"物"为核心,聚焦对象驱动,软硬一体化,工单及设备围绕现场物料转,解决的是面的效率。"物"为核心其实就是给现场所有生产要素打造唯一的 ID,赋予唯一的身份标识,就像身份证一样,便于全流程管控、追溯和校验。(见图 7)

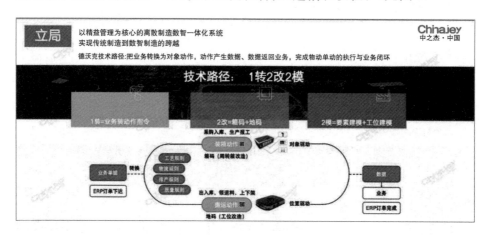

图 7　德沃克智造技术路径

对于车间厂长或者班组长来说,通过对象改造、工位改造后,电子周转箱流转的不仅是物料,还是数据信息。车间每一个关键工序上,每一个制造场景都能够清楚地被管理者知道我是谁,我从哪里来,我到哪里去,我要怎么做,做得怎么样。

接下来我用几分钟时间再把整个德沃克智造业务流程示意图(见图 8)和产品结构(见图 9)快速分享一下。这是周转箱改造所采用的是适应于离散制造不同业务场景的各类高频、超高频的 REID,这个生产要素就是称重设备,管过工厂的都知道,对于小的零部件使用称重器、传感器计算,快速进行计数及报工,准确率达到 99.99%。

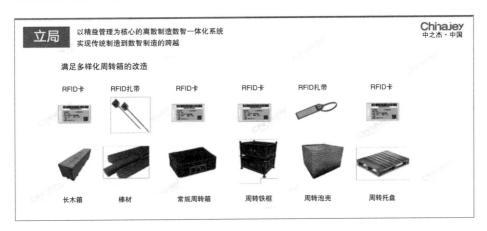

图 8　德沃克智造业务流程示意图

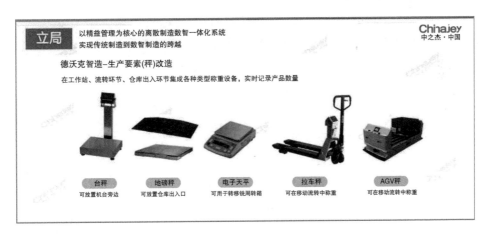

图 9　德沃克智造产品结构示意图

下面工位改造(见图 10)和工位建模(见图 11)的示意图,展示了工位改造在车间现场的应用。

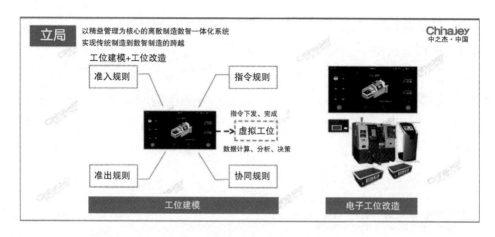

图 10　德沃克智造工位改造示意图

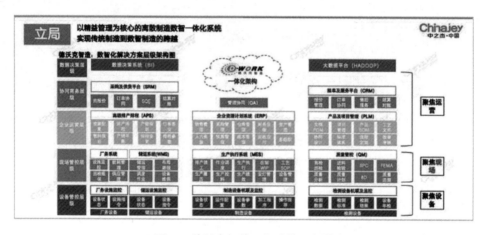

图 11　德沃克智造工位建模示意图

　　这展示了整个德沃克智造在数字化解决方案框架图中所处的层级——聚焦企业现场管控层级,下面有设备管控层,上面有运营层、协同层、决策层。

　　离散制造业特别个性化,我们的产品在研发过程中,架构初期都要考虑到它的可复制性。80%采用离散制造业行业通用基础模块,架构时采用低代码平台兼顾15%行业属性和5%的行业个性,便于我们在行业中快速复制,这也是这么多年来离散制造业没有出现工业软件巨头的原因,就是因为这个问题没有很好解决掉。

　　我们聚焦执行层提供软硬一体化柔性智能工厂解决方案,上链执行层,下接控制层,好比人的"神经中枢",指挥着大脑和胳膊腿手。大脑就是ERP、SCM等业务系统,这些胳膊腿手就是现在的 AGV 小车、机器人及自动化设备等。(见图 12)

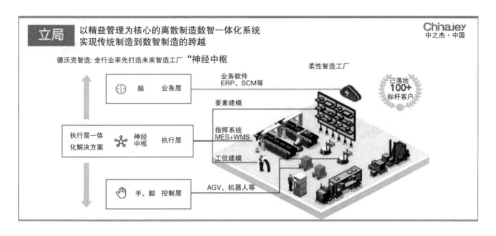

图 12　德沃克智造柔性智能工厂解决方案

我们为一家做减速机的 A 股上市公司进行了改造,它是减速机行业的单项冠军。改造之后取得了很大成效,比如透明度达到 100%,质量提升11%。这是我们为合肥的达因汽车空调做的改造,它是一家中外合资企业,改造之后交期缩短 35%,库存周转率提升 27%,这是企业总经理最满意的两点,他说企业成本大大降低。

总的来说,中之杰最擅长三大产业,汽车及零部件、机器人及零部件以及高端装备,我们的客户基本是上市公司、专精特新"小巨人"、制造业单项冠军或者细分行业头部企业。

最后,介绍一下中之杰,我们聚焦离散制造行业,持续深耕离散制造业16 年之久。我们有 2 个研发中心,6 个分公司,总部在浙江宁波。这个领域目前国内工业软件现在还比较弱,到今天我们仍在路上。去年我们获得了国家级专精特新"小巨人"称号。国家级专精特新"小巨人"一般批复给制造业,对于工业软件企业很少涉足,在前四批国家级专精特新"小巨人"中,我们是浙江省离散制造工业软件领域唯一一家。

后 记

第 23 届中国国际工业博览会论坛作为中国国际工业博览会的重要活动之一,于 2023 年 9 月在上海成功举办。本届论坛紧扣"碳循新工业,数聚新经济"主题,分部市论坛、发展论坛、科技论坛、行业与企业论坛四大板块。

本届展会及论坛取得圆满成功,成绩取得来之不易。本书是工博会论坛演讲辑选系列的第 12 本,汇集了第 23 届论坛具有代表性的嘉宾演讲内容。

本书的编辑出版得到了中国国际工业博览会组委会办公室、上海市人民政府发展研究中心、上海远东出版社的大力支持。感谢论坛承办单位上海市科学技术协会、东浩兰生(集团)、上海市质量管理科学研究院、上海市质量协会等积极为本书组织稿源,感谢上海远东出版社为本书做了大量编辑整理工作。

由于编辑时间较紧,加之编者能力所限,书中难免有舛误与不足之处,敬请读者批评和指正。

中国国际工业博览会组委会论坛部

2024 年 7 月于上海